PVD 氮化物
涂层材料

刘爱华 著

化学工业出版社
·北京·

内 容 简 介

本书着眼于目前常用的 PVD 氮化物涂层在高温环境下的摩擦学特性，模拟涂层使用的真实环境，分析了五种 PVD 氮化物涂层的制备、性能、高温氧化特性，着重探讨了 PVD 氮化物涂层的高温摩擦磨损特性及磨损机理，总结了 PVD 氮化物涂层材料的研究现状及发展趋势，从而为开发新的涂层材料提供有效的理论依据。

本书可为机械领域和材料领域的工程技术人员及科研人员提供帮助，也可供高校相关专业师生学习参考。

图书在版编目（CIP）数据

PVD 氮化物涂层材料/刘爱华著. —北京：化学工业
出版社，2022.3（2024.11重印）
ISBN 978-7-122-40577-7

Ⅰ. ①P… Ⅱ. ①刘… Ⅲ. ①氮化物-涂层-材料
Ⅳ. ①TB43

中国版本图书馆 CIP 数据核字（2022）第 006405 号

责任编辑：贾　娜　毛振威	装帧设计：刘丽华
责任校对：王　静	

出版发行：化学工业出版社（北京市东城区青年湖南街 13 号　邮政编码 100011）
印　　装：北京机工印刷厂有限公司
710mm×1000mm　1/16　印张 $9\frac{1}{2}$　字数 162 千字　2024 年 11 月北京第 1 版第 5 次印刷

购书咨询：010-64518888　　　　　　　　售后服务：010-64518899
网　　址：http://www.cip.com.cn

凡购买本书，如有缺损质量问题，本社销售中心负责调换。

定　价：78.00 元

涂层可以有效改善材料性能，在工程中有着广泛的应用，特别是其优异的耐磨、耐腐蚀和抗氧化性能能够有效地提高材料的耐磨性和使用寿命。涂层在使用过程中的剧烈摩擦会产生大量的摩擦热，使接触面温度急剧升高，高温环境对其性能产生了很大的影响，因此工程中对涂层的高温摩擦磨损性能提出了更高的要求。目前有关 PVD（physical vapor deposition，物理气相沉积）氮化物涂层的摩擦学研究条件较为单一，特别是缺乏涂层在高温环境下耐磨性的系统性研究资料。为了便于学术交流，特将 PVD 氮化物涂层的性能及高温摩擦学的一些相关研究编写成本书。

本书以目前作为耐磨防护出现的氮化物涂层为研究对象，笔者所在课题组制备了 TiN、TiAlN、AlTiN、CrN 和 CrAlN 五种涂层，围绕其高温摩擦磨损特性做了系统研究，重点分析了 Ti 基与 Cr 基涂层、Al 元素及其含量对涂层高温摩擦磨损特性的影响，从而为开发新的涂层材料提供有效的理论依据，进而提高涂层的摩擦性能，为相关工程技术人员正确设计并使用涂层提供有价值的技术参考。

全书内容共分为 7 章，详细介绍了五种 PVD 氮化物涂层的制备、性能、高温氧化特性，着重探讨了 PVD 氮化物涂层的高温摩擦磨损特性及磨损机理。第 1 章为绪论；第 2 章为 PVD 氮化物涂层的制备、物理力学性能及微观结构；第 3 章以 ANSYS 软件为工具研究高温下 PVD 氮化物涂层的摩擦应力；第 4 章为 PVD 氮化物涂层的高温氧化特性，为涂层的高温摩擦特性分析提供依据；第 5、6 章通过试验研究了 PVD 氮化物涂层的高温摩擦磨损特性并系统分析对比了几种涂层的高温磨损机理；第 7 章为 PVD 氮化物涂层材料的研究现状及发展趋势。

本书由山东交通学院刘爱华著，由山东大学机械工程学院的邓建新教授主审。特别感谢邓建新教授对研究工作的支持和帮助以及对本书提出的诸多指导和建议。感谢同一课题组的崔海冰、邢佑强、李士鹏、陈扬杨在课题试验方面给予的帮助；感谢博士生张辉、颜培、吴泽、连云崧、吴凤芳和李普红在本书撰写过程中给予的建议和帮助；感谢济南大学的付秀丽副教授、烟台大学的张月蓉博士在本书完成期间给予的帮助和建议；特别感谢山东交通学院潘义川老师精彩的 SEM 工作；感谢山东交通学院的领导和老师给出的宝贵意见和建议。

由于笔者水平有限，书中难免存在欠妥和疏漏之处，希望各位同行和读者批评指正。

著 者
2021 年 10 月

目录

第1章
绪论

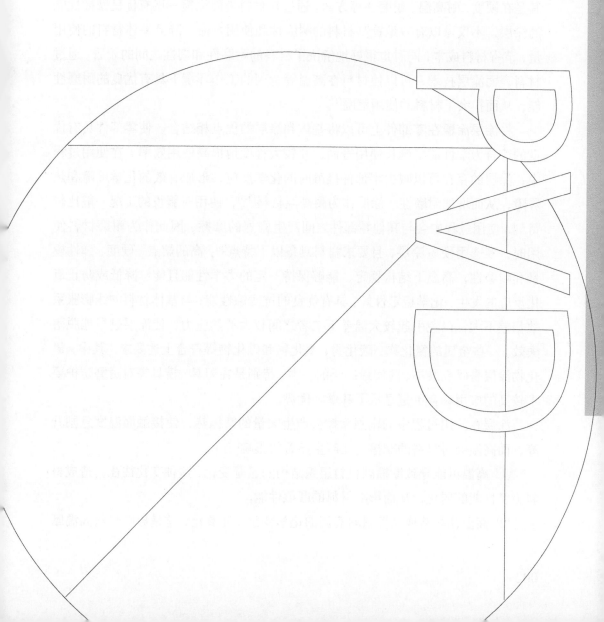

1.1 引言

近几十年来，材料科学得到了快速发展，涌现出很多综合性能优异的新材料。表面涂层作为一种改善材料性能的有效手段，在当前的科学研究和工程应用中扮演着日益重要的角色。表面涂层技术是一个涉及化学、材料、物理等学科的交叉技术，在机械、航空、化工、电子等领域得到了广泛应用。现代工业的飞速发展，特别是一些新概念、新技术的出现对材料的性能提出了更高的要求，尤其是在硬度、耐高温、耐磨性等方面。通过在材料表面涂覆一层有优良摩擦性能的涂层，不仅可以有效地提高材料的耐磨性和使用寿命，降低基体材料的使用量，节省材料成本，同时也很好地解决了材料的耐磨性和韧性之间的矛盾。通过材料表面涂层技术，可以使材料在高温等苛刻的工作环境下具有优良的耐磨性能，从而扩大了材料的使用范围[1]。

将涂层涂覆在零部件上可以将基体和涂层的优点相结合，使零部件具有优良的综合力学性能，延长使用寿命，并较大程度地提高使用效率。在使用过程中，涂层的存在可以减少零部件接触时的化学反应，形成有效的化学屏障和热屏障，从而增加耐磨性。涂层作为耐高温材料[2-5]，使用时服役的工况一般比较苛刻，使用过程中会与其他零部件之间产生剧烈的摩擦，因此作为耐磨材料使用时，多选用硬质涂层，且要求材料具备以下特点[6]：高的熔点、硬度、弹性模量和耐磨性；高温下结构稳定，能够保持一定的力学性能且能够降低或防止氧化反应的发生；化学稳定性好，具有优良的抗腐蚀性能；与基体材料的线膨胀系数相差不大，以免引起较大温差下二者之间较大的热应力，使涂层过早地脱落失效。一些金属的氮化物、碳化物、氧化物和硼化物等符合上述要求。其中，氮化物涂层是研究最早、应用最广泛的一类，特别是在刀具、模具等对耐磨防护要求较高的应用场合更是显示了其卓越优势。

涂层在使用过程中的剧烈摩擦会产生大量的摩擦热，使接触面温度急剧升高，而高温会对材料的摩擦性能产生显著的影响[1]：

① 高温可能导致摩擦副材料组织结构的显著变化，这种变化往往会造成材料力学性能的弱化，从而影响材料的摩擦性能。

② 高温往往造成摩擦材料表面的化学变化，如氧化，这是影响材料高温摩

擦性能的主要因素。

③ 摩擦副之间的扩散和黏着现象增加。高温下分子活性增加，从而加剧分子之间的扩散、黏着等现象，也会加剧材料的磨损。

综上所述，本书是以目前作为耐磨防护出现的应用广泛的氮化物涂层为研究对象，研究其在高温环境下的摩擦磨损特性。主要研究目的是找到涂层在高温摩擦环境下不同摩擦参数对摩擦特性的影响，找出每种涂层最适合的摩擦工况。另外，对高温下涂层的磨损机理进行研究，并特别分析涂层成分在高温摩擦中所起到的作用，从而为涂层在高温环境下的使用提供试验指导。通过对涂层主要磨损机理的分析，找出涂层在高温环境下的破损方式及缺陷，在以后的涂层开发过程中可以有针对性地进行弥补，更能为开发新的涂层材料提供有效的理论依据，从而提高涂层的摩擦性能。

1.2　PVD 涂层的制备工艺

涂层的制备方法有很多，其中最常用的是气相沉积法。气相沉积分为物理气相沉积（physical vapor deposition，PVD）和化学气相沉积（chemical vapor deposition，CVD）。CVD 技术需要由反应气体通过化学反应而生成涂层材料，且反应需要在较高的温度下进行，这就要求涂层的基体具有一定的耐高温性能，因此在基体选材上有一定的限制。另外，温度由高温降到室温后，涂层内部存在拉应力，容易产生微裂纹，这对涂层的使用带来了很大影响[7, 8]。相对于 CVD 技术的这些局限性，在低温下进行沉积的 PVD 技术对沉积材料和基体材料的限制较少，涂层内部的压应力状态对涂层是有力的，且特别适用于对硬质合金精密复杂刀具的涂层；另外，PVD 工艺对环境无不利影响，符合现代绿色制造的发展方向，是目前在工业上应用最为普遍的沉积方法[9-11]。

根据沉积过程中粒子发射所采用的方式不同，PVD 技术分为真空蒸镀、溅射沉积和离子镀沉积三大类。

真空蒸镀技术[6]是发展较早的涂层技术，它是在真空条件下，用蒸发器加热蒸发物质，使之汽化，蒸发粒子流直接射向基体并在基体表面沉积成固态涂层。其优点是涂层纯净，可根据要求来控制涂层的结构和性能。真空蒸镀技术在光学膜和装饰膜方面应用广泛，如镜片的抗反射镀膜、玻璃板上的装饰及防紫外线镀膜，织物表面用于反射热的铝膜等。真空蒸镀技术的设备简单，生产成本相对较低，适合大规模生产，但镀膜材料多不是硬质耐磨涂层。

溅射沉积的原理是在真空室中，利用粒子轰击靶材表面，被击出的靶材原子及其他粒子沉积在基体上形成膜层。根据溅射特征，溅射镀膜的方法[12-17]分为直流溅射、射频溅射、磁控溅射和反应溅射等。其中磁控溅射因具有沉积速度高、镀膜质量高、工艺稳定等优点，应用最为广泛。其工作原理是在溅射装置中引入磁场，并使磁场的方向与电离靶材的电场相互垂直，这样磁场就可以将二次电子约束在靶材附近，延长其运动轨迹，提高其参与电离过程的程度，大大提高了沉积效率。

离子镀是结合了蒸发与溅射技术而发展出来的一种 PVD 沉积技术。离子镀是指在真空条件下，在基体与靶材之间施加电场，在一定的条件下，基体与靶材之间发生辉光放电或弧光放电，且靶材的蒸发在放电气体中进行，并形成气体离子和靶材离子，并在电场的作用下沉积在基体表面。离子镀的特点是高荷能离子一边轰击基体和涂层，一边进行沉积，而这一过程可以提高涂层的致密度，改善涂层的组织结构，提高涂层与基体的结合力[18]。其中的电弧离子镀技术特别适用于沉积硬质涂层[19-22]，因而广泛用于沉积刀具、模具等超硬抗磨涂层。

1.3　PVD 涂层的应用及特点

目前，氮化物涂层是应用最多的耐磨防护涂层，几乎所有的过渡族金属的氮化物都满足 Hägg 规则，一般具有 B1-NaCl 结构或者六方结构，通常具有熔点高、硬度高、热稳定性好、抗腐蚀性和抗氧化性好等特点。尤其是过渡金属族Ⅳ和Ⅴ族金属氮化物常被用作刀具表面强化材料，以提高基体材料的表面性能，其研究也最为充分。

氮化物涂层材料中研究最早的是二元氮化物 TiN[23-26]和 CrN[27, 28]，且在工业生产中得到了广泛的应用。随后在此基础上进行了不同元素的三元和多元合金化研究，包含 TiAlN、CrAlN、TiCN、TiZrN 和 TiCrN 等，且相关研究不断深入[29-36]。另外，还出现了多层结构涂层[37, 38]和纳米涂层[39-41]，使氮化物涂层的性能得到了不断的改进和提高。

1.3.1　PVD 涂层在摩擦学中的应用

随着涂层技术的进步，近几十年来涂层摩擦学在各个领域获得了迅速发展，表面工程摩擦学已成为摩擦学研究领域中十分活跃的分支[42]。目前，研究人员多是根据涂层自身的性能特点努力开拓 PVD 涂层新的应用领域，其中提高刀具、模具和零件的摩擦学性能仍然为其主要目标。

涂层应用于刀具时，从传统的 TiN 涂层到多元多层多类型的涂层，已经实现了高速切削和干加工，且使用涂层刀具加工一些难加工材料时能够降低摩擦系数且呈现出低黏着现象。来自 Oerlikon Balzers 的数据显示，通过在切削刀具上应用涂层可以节省成本，其中能够降低工具成本 30%，提高刀具的使用时间 50%，提高加工速度 20%，且可以在完全不使用冷却液的情况下降低生产成本 16%。

涂层在各类模具中的应用日益广泛[43-45]，以 DLC（类金刚石碳）和 CrN 涂层居多，其中包含汽车模具、注塑模具、铸造模具以及冲压成型模具等。涂层模具有很多的优点，如可减小黏着倾向，使脱模更容易，通常可避免使用脱模剂；当处理高研磨性的熔料时，涂层的硬度可大幅度降低磨损；填模质量更好，变形减少且工具表面光亮，生产出的零件产品质量更佳、废品率降低；在清洁和保养期间，涂层还可起到防止模具受到损坏的作用。

用于发动机活塞环表面的 CrN 涂层[46]可以减少发动机中的摩擦损失，保护发动机元件免受磨损，并提高其承载能力和耐久性，提高发动机工作效率，延长发动机使用寿命。此外，涂层还可涂覆在各类零部件上，对工件起到一种耐磨的保护作用，如涂覆在齿轮传动和轴承上，使车辆、机器和设备中的传动元件的性能和使用寿命倍增。

由于 PVD 技术沉积过程温度低，可对中、低合金钢、碳钢等低温回火材料进行涂层，从而改善工件的可靠性和寿命。此外，用 PVD 涂层来代替某些必须采用贵重合金材料的应用场合，可以降低材料成本，最终实现节能、节材及提高效率等目的，从而产生巨大的社会经济效益。

1.3.2　TiN、TiAlN 和 AlTiN 涂层

Ti 基氮化物涂层中研究最早的是 TiN 涂层，理想化学计量比的 TiN 涂层属于立方晶系，颜色与黄金极为相似。TiN 涂层具有高强度、高硬度及较高的抗氧化性等特点，因而广泛应用于金属材料的机械加工、医疗、微电子腐蚀防护等各个领域。

但随着社会的进步，人们对涂层的综合性能要求越来越高，特别是机械制造领域中绿色设计制造、干式或者半干式金属加工、高速切削的提出对切削刀具提出了更高的要求，而 TiN 涂层显然不能满足苛刻加工环境的需要。高温下，TiN 涂层性能下降，一是因为在涂层表面易氧化生成 TiO_2，二是高温下由于 N 原子向外扩散易在氧化层和涂层表面形成孔洞，二者都会造成涂层的剥落[47]。

研究发现，在 TiN 涂层基础上发展起来的多元以及多层复合涂层，性能远优于单一的 TiN 涂层[48]。金属元素 Al、Cr、W、V 和 Zr 等都具有很好的合金化特性，与二元涂层 TiN 相比，加入以上金属元素形成的三元或者多元氮化物涂层性能均得到了明显提高，其中的 TiAlN 涂层是目前应用广泛的三元氮化物涂层。

一般来说，TiN 为面心立方（FCC）结构，而 TiAlN 的结构取决于涂层中 Al 与 Al+Ti 的比值，当 Al 含量较小时，涂层中的 Al 原子直接替换 TiN 晶格中的 Ti 原子，TiAlN 仍保持为 FCC 结构，如图 1-1 所示。但是，由于 Al 在 TiN 中的溶解度有限，Al 含量增加到一定量时容易造成涂层结构由稳定的立方相向六方纤锌矿相转化，其硬度和耐磨性都会相应下降[49]。通常情况下，当 TiAlN 涂层中的 Al 含量大于 Ti 含量时，一般称为 AlTiN 涂层。Hasegawa 等[50]运用试验检测研究的方法检测出 $Ti_{1-x}Al_xN$ 涂层中 x 在 0.6~0.7 之间时 TiAlN 结构会发生转化，而从理论上计算出，在平衡态下 Al 在立方结构的 TiN 中的固溶极限值为 65at%（原子百分比）。也有文献报道[51-53]，只要 Al 含量控制在一定的范围之内，其能够提高涂层的力学、抗氧化、耐摩擦以及切削性能。

Hsieh 等[47]对使用非平衡磁控溅射在钢基体上的 TiN 和 TiAlN 涂层的抗氧化特性进行了试验研究，发现 TiAlN 比 TiN 涂层的抗氧化性能明显提高，主要是因为 TiN 涂层在较低的温度下就形成结构上较为疏松的 TiO_2，造成了涂层的过早失效。而 Al 元素的加入可以提高其抗氧化的温度。Bouzakis 等[54]、邵丽娟[55]

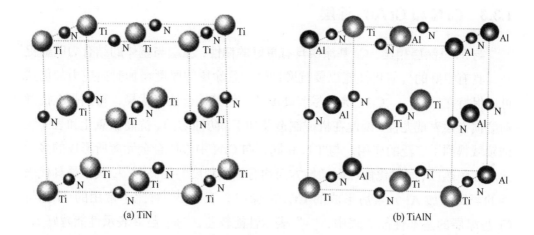

图 1-1　TiN 与 TiAlN 晶体结构

发现 TiAlN 涂层在氧化的过程中，除 O 原子向涂层内部扩散外，涂层中的 Al 原子在高温下向涂层表面扩散并与 O 原子结合形成 Al$_2$O$_3$ 相，导致氧化分层，表层富 Al，相应的内层贫 Al 富 Ti，形成 Al$_2$O$_3$/TiO$_2$ 的分层结构。而在 TiAlN 涂层表面形成的 Al$_2$O$_3$ 结构致密、完整，对氧向涂层内部的扩散起到了阻碍作用，从而阻止了涂层的进一步氧化，进而提高了涂层的抗氧化性能。因此，与 TiN 涂层相比，TiAlN 涂层性能提高[56, 57]，这主要得益于高温下 TiAlN 涂层表面可以形成致密的 Al$_2$O$_3$ 氧化物层，能够有效防止涂层的深层次氧化，保证了较高的硬度和抗磨损性能。

另外，AlTiN 涂层在刀具上使用时，经真空退火处理后其切削性能能够得到进一步的提升。Endrino 等[58]对 Al 含量较高的 Al$_{0.67}$Ti$_{0.33}$N 涂层刀具在 Ar+O$_2$（80 at%/20 at%）的环境下真空退火后进行切削试验，发现其连续铣削寿命提高而断续切削寿命下降，这主要是因为在退火的过程中 c-（Ti，Al）N 晶格中形成了有益的纳米级的 c-AlN 结构，使硬度提高，减少了晶格缺陷，但这种后处理的缺陷减弱了涂层与基体的结合力并脆化，对断续切削不利。

三元 Ti 基氮化物涂层中，除 TiAlN 外，TiCrN[59, 60]、TiZrN[61]等涂层也是目前研究工作的热点，而研制出的（Ti，Al，Zr）N[62]及（Ti，Al，V）N[63, 64]等多元涂层、TiN/TiAlN[65, 66]及 TiAlN/VN[67]等复合涂层要比单一结构的涂层在性能上更加优异，并在工程中进行了应用。

1.3.3 CrN 和 CrAlN 涂层

与 Ti 基涂层相比, Cr 基涂层具有更好的韧性, 涂层与基体的结合力明显提高, 具有更好的抗氧化性能以及抗腐蚀性, 且涂层的厚度增加时内应力却仍然可以保持在低值[68]。CrN 涂层尽管硬度低, 但其综合性能优异, 特别是在抗微动磨损方面表现尤佳, 因此在机械制造及加工、防蚀防护、抗高温氧化和表面装饰领域得到了广泛的应用。与 TiN 相同, 向 CrN 中添加合金元素所形成的多元涂层在耐热性、耐氧化性和耐磨性方面均有很大程度的提高[69-71], 其中最具代表性的当属添加 Al 元素后形成的 CrAlN 涂层。表 1-1[72]对比了常用的 Ti 基与 Cr 基涂层的基本性能（表中,"–"表示性能较差,"+"越多表示性能越好）。

表1-1 Ti 基与 Cr 基涂层的性能对比（来源: Barlzers, Liechtenstein）

性能	涂层			
	TiN	TiAlN	CrN	CrAlN
硬度	+	++	–	++
耐磨性	+	+	+	+++
热硬性	–	++	+	+++
抗氧化性	–	++	–	+++

在各种金属氮化物中, Al 在 CrN 中的溶解度最大, 在很宽的 Al 元素添加范围内, 所形成的 CrAlN 涂层均具有四方晶粒结构, 因此高 Al 含量的 CrAlN 涂层比 AlTiN 涂层的结构更加稳定[49, 73]。CrAlN 涂层中的 Al 和 N 以共价键结合, 热稳定性增加, 晶粒更加均匀细小, 使涂层具有足够的硬度, 在高温下有利于 Al 原子和 Cr 原子向外扩散, 与 O 原子结合形成结构更加致密的 Cr_2O_3 和 Al_2O_3 混合保护性的氧化层, 且 Cr_2O_3 和 Al_2O_3 生成后体积膨胀, 在涂层表面形成压应力, 可以闭合涂层表面的任何裂纹, 能够有效阻止氧化的深层次进行, 提高了涂层的抗氧化能力[74, 75]。

CrAlN 涂层优异的性能, 特别是突出的高温特性, 极大地拓宽了其作为刀具在一些难加工材料方面的应用, 如铣削航空合金, 切削奥氏体不锈钢等[76, 77], 且可以涂覆在硬质合金和高速钢滚齿刀、成型、冲压工具和铝合金压铸模具上, 成为顶级的全能涂层产品。

1.4 PVD 氮化物涂层摩擦学研究现状

涂层材料的磨损受到工作环境、使用参数以及对磨材料等因素的影响，摩擦过程复杂多变。同样的涂层材料往往在不同的试验条件下得出的损伤机理大不相同，因此需要针对特定的工作环境找出影响涂层摩擦特性的关键因素，才能根据涂层的工作条件有针对性地选择正确适配的涂层，从而最大限度发挥涂层的使用性能。

在涂层摩擦磨损特性的研究过程中，很多的研究者都采用摩擦试验的方法[78-80]，这是因为在涂层实际的使用环境下难以获得准确的接触应力和摩擦温度等参数，但恰恰材料的磨损性能受环境参数的影响较大。而在试验方法中，可以根据需求精确控制所需要的应力、温度等参数，因此能够对涂层的摩擦学性能给出合理的评价。

1.4.1 常温摩擦学研究现状

由于试验条件的限制，目前所开展的关于涂层摩擦学的研究多在常温下进行。关于此方面的主要研究情况如表 1-2 所示。

表 1-2 氮化物涂层常温摩擦学研究综述

研究人员	涂层	基体	对磨材料	试验参数
Yoon[81]	TiN，TiAlN	AISI D2 工具钢	钢，氧化铝	0.1~0.5m/s，1~5N
Hsieh[82]	TiN，TiAlN，AlTiN	M2 高速钢	氧化铝	20cm/s，2.5N
Rauch[52]	TiN，$(Ti_{1-x}Al_x)N$	高速钢	100Cr$_6$	5mm/s，50N
Zhou[83]	CrN	2024 铝合金	氮化硅	5~20mm/s，0.5~1.5N
Su[84]	TiN，CrN	硬质合金	100Cr$_6$	2.5cm/s，100N
Mo[85]	TiAlN，AlCrN	硬质合金	氮化硅	10m/min，5N
Cai[86]	CrN，CrSiCN	不锈钢	硬质合金	20cm/s，2N
Rodríguez[87]	TiN，TiAlN，CrN	高速钢	100Cr$_6$	0.07m/s，2.94N
Zhang[88]	CrN，CrTiN	硅	钢	1m/min，1N
Pulugurtha[89]	CrN，CrAlN	钢，硬质合金	氧化铝	0.1m/s，5N
Warcholinski[90]	CrN	工具钢	氧化铝	60mm/s，1N

Yoon 等[81]把 TiN 与 TiAlN 两种涂层分别与钢球和 Al$_2$O$_3$ 球进行对磨,并研究了速度对摩擦特性的影响。由于对磨的钢球硬度小于涂层,在摩擦的过程中,其材料向两种涂层发生黏着,使得涂层的磨损量不能检测;而与 Al$_2$O$_3$ 球对磨时,TiN 和 TiAlN 涂层的磨损机理均为磨粒磨损,且较硬的 Al$_2$O$_3$ 球材料并没有向涂层发生转移;与 TiN 涂层相比,TiAlN 涂层在高速下的摩擦系数反而降低,说明 TiAlN 在高速下的摩擦特性较好,更适合高速的摩擦条件。

Hsieh 等[82]对使用磁控溅射法沉积的一系列 Ti 基涂层的摩擦特性进行了研究,发现 TiN 涂层在试验的过程中出现了低摩擦高磨损的现象,主要是因为涂层过早氧化生成的 TiO$_2$ 有助于摩擦的进行,但其抗磨损能力却随之下降。而 TiAlN 涂层的摩擦表面由于磨粒的作用呈现一种抛光磨损机制。与前两种涂层相比,高 Al 含量的 AlTiN 涂层的破坏较为剧烈,是一种严重的犁沟磨损机制。经分析,这可能是由于脆性破坏而剥落的涂层在摩擦中起到了一种硬质磨粒的作用,并以第三体的形式对涂层造成了严重破坏。其结论为 Al 含量增加时,涂层的抗磨损能力反而下降。这一试验结果与 Rauch 等[52]得出的结论一致。但文献中给出的磨损机理却有所不同。Rauch 等[52]认为:TiAlN 较好的抗磨损能力归因于其低的 Al 含量,高 Al 含量的 AlTiN 涂层的磨损量增大,可能是由于其与基体的结合力低造成的,且在涂层中提高 Al 含量会增加涂层的化学活性,使得摩擦表面之间的黏着力增强,从而产生严重的黏着磨损,另外有可能是由于对磨球与涂层之间的化学反应造成了 AlTiN 涂层的严重磨损。

Zhou 等[83]以 CrN 与 Si$_3$N$_4$ 为摩擦副研究了使用电弧离子镀方法获得的 CrN 涂层的摩擦特性,获得了摩擦系数、磨损率、摩擦润滑原理以及摩擦化学反应之间的关系;认为摩擦系数较高时,CrN/Si$_3$N$_4$ 摩擦副之间呈现一种边界润滑,润滑膜很薄,且接触区域较大,此时的摩擦能较低,摩擦区域的温度低于摩擦化学反应进行的温度,此时以机械摩擦为主,摩擦表面以微裂纹和微刮伤为主要的特点,磨损率较高。摩擦系数较小时,润滑膜较厚,磨损表面光滑并覆盖较浅的刮痕,这暗示着形成了剪切强度较小的摩擦膜。化学摩擦是主要的磨损机制,磨损率较小。

Su 等[84]研究了沉积在硬质合金基体上的 TiN 与 CrN 涂层的摩擦特性。由于对磨材料 100Cr$_6$ 较软,在摩擦过程中向涂层发生了黏着,并在摩擦轨迹上形成了明显的转移层。TiN 和 CrN 涂层都存在氧化磨损,氧化生成物分别为 TiO$_2$ 和

Cr_2O_3。另外，在 TiN 磨痕表面还发现了很多的深坑，这是由于涂层表面大的 Ti 液滴被对磨件拖（拉）出留下的。

Mo 等[85]对比分析了两种高铝含量的 TiAlN 和 AlCrN 涂层的摩擦磨损特性，发现稳定阶段 AlCrN 和 TiAlN 涂层的摩擦系数分别为 0.75 和 0.85，且 TiAlN 涂层的摩擦系数波动明显，这是由于二者的排屑能力不同引起的。AlCrN 涂层排屑能力较强，产生的磨屑能够顺利地被送出摩擦区域并累计在轨迹边缘，摩擦后的表面平整。而 TiAlN 涂层的摩擦系数波动主要是由于磨屑在摩擦区域聚集产生的附加载荷引起的。另外，AlCrN 涂层氧化后生成致密的、热稳定性较好的氧化物，对涂层起到了很好的抗摩擦和抗热的保护作用，提高了涂层的耐磨性能。而 TiAlN 涂层的磨损机制为氧化磨损和磨粒磨损，并伴随着磨屑造成的严重破坏。

由以上综述可以看出，氮化物涂层的常温摩擦学的研究比较全面，特别是对于涂层磨损机理的分析比较透彻。另外，Holmberg 等[91-94]利用有限元的方法仿真分析了较硬的物体划过 TiN 涂层时的应力变化，这与摩擦的试验环境类似。仿真结果显示，接触区的应力复杂，在接触区涂层表面由于对磨件的划擦而形成拉应力，而涂层表面的下方则形成压应力，且应力的影响区域大于接触区。由于涂层承受部分载荷，因此基体所受的压应力降低。弹性模量和涂层厚度对涂层-基体所受应力的影响较大。弹性模量的影响不仅仅表现为涂层-基体塑性的直接耦合，但是提高基体的塑性的确可以增加涂层的应变。而硬度则影响涂层的刚度。比较较厚和较薄涂层发现，尽管较厚涂层比较薄涂层的承载能力要好，但在相同的加载条件下，即使两种涂层表面的最大拉应力相同，但是在涂层与基体的结合面处，较厚涂层仍然会保持为拉应力，而较薄涂层则变成压应力，因此较厚涂层更易产生裂纹，更容易剥落。

1.4.2 高温摩擦学研究现状

与常温摩擦学相比，氮化物涂层的高温摩擦特性的研究较少，所取得的成果有限，主要研究成果如表 1-3 所示。

Fateh 等[95]研究了高温氧化产物对 TiN 涂层摩擦特性的影响，在 25~700℃ 的整个温度范围内 TiN 涂层的摩擦系数变化较小，但磨损随温度的升高而加剧。

根据仪器的检测结果，氧化开始并产生 TiO$_2$ 的温度是 300℃，但并没有对摩擦轨迹起到润滑保护作用。400℃时，TiN 涂层的摩擦系数略有下降，因为此时涂层变软，并且温度超过沉积温度后涂层生长缺陷消失，涂层对对磨件的黏着和犁削的摩擦力减小。随温度升高，TiN 涂层的磨损加剧，磨屑越来越多并不断作用于涂层，直到 700℃时涂层完全被磨坏。经观察分析摩擦轨迹的两侧有对磨球的转移材料以及犁沟出现，且在涂层的表面检测到金红石 TiO$_2$。图 1-2 为 TiN 涂层的高温磨痕。

表1-3　氮化物涂层高温摩擦学研究综述

研究人员	涂层	摩擦温度	对磨材料	试验参数
Fateh[95]	TiN	25~700℃	Al$_2$O$_3$	5N，0.1m/s
Wilson[96]	TiN	25~600℃	Si$_3$N$_4$	11.6N，0.14m/s
Staia[97]	TiN，TiAlN	25~700℃	Al$_2$O$_3$	1.35~1.5GPa，0.1m/s
Polcar[98-100]	TiN，CrN	25~500℃	100Cr$_6$，Si$_3$N$_4$	5N，4cm/s
Ohnuma[101]	TiAlN	25~600℃	AISI304	5N，100mm/s
Qi[102]	AlTiN	25~900℃	Al$_2$O$_3$	5N，0.05m/s
Polcar[103]	CrAlN	25~600℃	钢，Al$_2$O$_3$	5N，0.05m/s

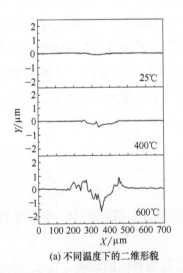

(a) 不同温度下的二维形貌

(b) 600℃时的三维形貌

图1-2　TiN 涂层的高温磨痕[95]

Wilson 等[96]研究了常温到 600℃，TiN 涂层与 Si_3N_4 对磨时的摩擦特性。发现在常温环境摩擦时，两摩擦表面平整光滑，涂层未发生破损，在涂层的表面形成较薄转移层。经分析这是由于相对较软的 Si_3N_4 发生了摩擦化学分解后形成的。温度升高时，摩擦区域内的湿度降低，Si_3N_4 对磨球的水解反应大大减弱，Si_3N_4 磨损减少，摩擦接触面积减小，以至于摩擦表面之间仍然保持较大的接触应力而产生犁沟。在研究的过程中，用摩擦轨迹和中心犁沟的宽度来表示涂层的磨损。温度高于 100℃时，由于中心犁沟的出现，摩擦轨迹的宽度急速变窄；在 100~500℃之间时，温度对两个宽度的影响不大；但随后的 500~600℃中，摩擦轨迹演变为中心犁沟。对 400℃以上的高温磨屑进行检测发现其富含 Ti 和 O，说明 TiN 氧化为 TiO_x，并对摩擦起到了润滑的作用，所以摩擦系数下降。600℃时，摩擦球的表面形成比较厚的氧化层，使得摩擦系数达到最小。

Staia 等[97]研究了 TiN 和 TiAlN 的高温摩擦特性。300℃时，TiN 涂层的摩擦系数在 0.7~1 之间波动，这可能是由于涂层的破损引起的，且由于涂层的剥离和磨屑的聚集，TiN 的摩擦系数周期振荡，并造成摩擦系数短时间之内升到 0.9。而此温度下 TiAlN 涂层保持完整，只有对磨材料转移并聚积在磨痕上。600℃环境下摩擦时，TiN 涂层首先部分剥离，阻碍了连续氧化层的生成，磨痕为不完整表面，之后磨痕深达基体，涂层完全剥离。相比 300℃，TiAlN 涂层在 600℃时的磨损量升高，但涂层没有被磨穿。

Polcar 等[98-100]是对氮化物涂层的高温摩擦特性研究较为深入的研究者，特别是对 TiN 和 CrN 两类涂层。在文献[98]中，Polcar 等研究了 TiN 和 CrN 涂层与 $100Cr_6$ 和 Si_3N_4 对磨时的高温摩擦特性。与 $100Cr_6$ 对磨时，两涂层的摩擦系数随温度略有增大，TiN 涂层的磨损率在 120℃才能检测到，而 CrN 涂层需要到 500℃。温度低于 200℃时，TiN 涂层摩擦轨迹光滑，这是由于塑性变形使得涂层磨损轻微，而由对磨球转移到 TiN 摩擦轨迹的材料很少，可以忽略。但对于 CrN，对磨球的磨损严重，材料转移到摩擦轨迹上，并形成 Cr 的氧化层，且随温度的升高，厚度增加。图 1-3 显示了高温下涂层与陶瓷球 Si_3N_4 对磨时的摩擦系数，可以看出，TiN 的摩擦系数随温度变化的规律不明显，CrN 涂层的摩擦系数在 25℃时达到最大值，而后随温度的升高而减小，这是因为在摩擦轨迹上形成的 Cr 的氧化物减轻了摩擦。CrN 涂层的磨损率随温度的升高而增大。100℃时，摩擦轨迹光滑平整，相当于抛光磨损，在摩擦轨迹上没有发现对磨材料，但在摩擦轨迹的两侧发现了 Si 和 Cr 的混合氧化物。在 200℃时，摩擦轨迹明显；300℃时，CrN 涂层严重氧化；400℃时，涂层的磨损率反而减小，是因为 Cr 的氧化物在摩擦表面形成保护膜，但其他的因素在摩擦的过程中也起到了很重要的作用，如基体和涂层的软化，对磨副之间的化学作用和涂层中的气孔等。500℃时 CrN 涂层由基体剥离。此外，对 TiN 和 CrN 涂层进行高温摩擦学研究的还有 Sue[104]等。

Ohnuma 等[101]研究了 Al 含量对 TiAlN 涂层高温摩擦特性的影响，发现随温度的升高磨痕变窄，解释为在涂层表面形成的 Al_2O_3 有效阻止了对磨材料和涂层的直接接触，从而降低了高温下的黏着磨损；另外，在 600℃的摩擦环境下，低 Al 含量的 TiAlN 的磨损体积较小，这得益于它稳定的四方晶粒结构。

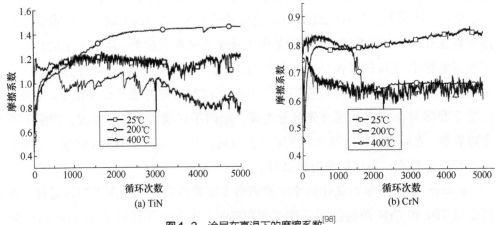

图 1-3　涂层在高温下的摩擦系数[98]

Qi 等[102]为了研究高 Al 含量的 AlTiN 涂层的高温氧化行为与高温摩擦特性之间的关系，在进行摩擦试验之前，整个摩擦系统在试验温度下先保温 39min~1h，使涂层充分氧化，发现氧化层改变了摩擦区域的接触状态，从而改变了涂层的摩擦机制。25℃时，由于空气中的湿度，磨损率很高，涂层的主要磨损机制为磨粒磨损。200~800℃时，磨损机制转化为黏着磨损，出现了高摩擦低磨损的现象。900℃时，大量 TiO_2 的生成使得涂层摩擦系数下降，磨损机制转变为塑性变形，但涂层的磨损率增加。

Polcar 等[103]研究了 CrAlN 涂层与两种材料对磨时的高温摩擦特性。与钢球对磨时，CrAlN 涂层表现出很好的耐磨性。高温下磨痕较宽，且整个摩擦轨迹内黏着对磨球材料，摩擦的过程实际上是由对磨球和对磨球及涂层的混合物进行接触。随温度的升高出现低摩擦高磨损的现象，且摩擦球材料发生了严重的氧化。与 Al_2O_3 对磨时，常温摩擦系数稳定，但随温度的升高，摩擦系数呈现一种周期性振荡，这是由于在摩擦副之间形成的第三体造成的，且经反复摩擦达到一临界厚度。摩擦稳定时，第三体开始磨损，直到消失然后重新生成。温度小于 200℃时，涂层没有向对磨球材料转移，300~500℃时，球的磨痕上黏着了涂层材料，且温度越高黏着现象越明显。500℃时，涂层开始氧化，且磨损的涂层以氧化物大颗粒的形式出现，并形成摩擦氧化层。随温度的升高，摩擦层的厚度增加，涂层的磨损加剧。600℃时涂层完全被磨穿。

除以上常用的氮化物涂层外，一些学者[67, 100, 104]还对多元及多层复合涂层的高温摩擦特性进行了研究。

从以上涂层的高温摩擦学的研究可以发现，与常温相比，涂层在高温下的摩擦磨损特性较为复杂，摩擦过程受到涂层软化、磨屑和摩擦化学反应等因素的影响。其中，高温下摩擦副的氧化对涂层磨损机制的影响较大，涂层的氧化产物如 TiO_2，有利于摩擦的进行，但却加速涂层的磨损，而 Al_2O_3 尽管可以提高涂层的承载能力，但作为摩擦的第三体出现时却对涂层不利。因此，还需要进一步研究涂层的氧化现象及氧化产物对高温摩擦特性的影响。

1.5 本书主要研究内容

1.5.1 存在问题及待解决问题

对上述研究的综述进行分析发现，目前对 PVD 氮化物涂层摩擦学的研究还存在不足，主要包括以下几点：

① 研究多以常温摩擦学为主，对于 PVD 氮化物涂层高温摩擦学的研究有限，不能够很好地揭示温度对涂层摩擦特性的影响以及涂层在不同温度下的磨损机理，而涂层的使用环境往往是高温。

② 对于氮化物涂层摩擦学的研究不够系统，很少有文献报道在相同的试验条件下不同涂层摩擦特性的对比，或者试验参数的变动对涂层摩擦特性的影响，

特别是目前的研究多在定参数下进行，即只分析涂层在一组参数下的摩擦学，而且试验大多在低速下进行（0.1m/s 左右），因此得出的摩擦特性以及磨损机理对应低速工况，这与涂层在较为高速下的使用工况不对应。

③ 涂层的材料组成决定其摩擦磨损性能，而目前的研究缺少分析材料成分及其含量对涂层摩擦特性的影响，因此不能从本质上揭示影响涂层摩擦学的主要因素。

本书在高温环境下采用球-盘接触的摩擦试验的方式，制备并研究五种氮化物 TiN、TiAlN、AlTiN、CrN 和 CrAlN 涂层在高温干摩擦条件下的摩擦磨损特性，系统地分析不同的试验参数以及涂层成分对涂层摩擦磨损特性的影响，探讨涂层的高温磨损机理，为氮化物涂层的设计开发提供理论依据，更为提高涂层的耐磨性提供直接的试验指导。

1.5.2　本书主要阐述的问题

本书依托国家重点基础研究发展计划资助项目（973 计划，2009CB724402）、国家自然科学基金资助项目（51075237），制备了 TiN、TiAlN、AlTiN、CrN 和 CrAlN 五种氮化物涂层，围绕其高温摩擦磨损特性及机理进行系统研究。本书要阐述的主要问题有：

（1）PVD 氮化物涂层的制备及性能

采用 PVD 制备方法——阴极弧蒸镀技术制备了五种氮化物涂层，检测了所获得涂层的微观形貌、涂层成分及物相组成，并研究涂层的物理力学性能，包含硬度和涂层与基体之间的结合力等。

（2）PVD 氮化物涂层的高温摩擦应力仿真分析

针对所研究的"涂层-基体"摩擦盘，对球-盘摩擦方式中的接触应力进行有限元仿真计算，并在仿真过程中把由温度引起的涂层热应力计入，从接触力学和热力学两个方面进行讨论。针对高温，特别分析环境温度及摩擦温升对涂层摩擦应力的影响。

（3）PVD 氮化物涂层的高温氧化特性

针对摩擦试验的高温环境，对涂层的高温氧化特性进行研究。包括涂层在高温下氧化反应的热力学理论和动力学分析。对几种涂层进行高温氧化试验，研究涂层的高温氧化特性，通过观察氧化后的微观形貌分析氧化机制，并明确成分对涂层氧化特性及氧化机制的影响。

（4）PVD 氮化物涂层的高温摩擦磨损性能研究

利用摩擦试验装置对 PVD 氮化物涂层进行高温摩擦磨损试验研究，主要分析温度、摩擦速度及载荷对涂层摩擦特性的影响，并进行多涂层之间的对比研究，以明确各涂层在高温下的适用工况，并重点分析成分及其含量对涂层高温摩擦磨损特性的影响。

（5）PVD 氮化物涂层的高温摩擦磨损机理分析

结合涂层的高温氧化及摩擦特性结果对 PVD 氮化物涂层的高温摩擦磨损机理进行深入研究，明确每种涂层的高温摩擦磨损机制，并讨论几种涂层的磨损形式以及氧化生成物对涂层磨损机理的影响。

第2章
PVD氮化物涂层的制备、物理力学性能及微观结构

涂层的性能在很大程度上取决于沉积方法、微观结构以及界面结合情况。本章将对五种 PVD 氮化物涂层进行制备，并对涂层的性能及结构进行检测，其中包括涂层的硬度、厚度及涂层-基体结合力等力学参数以及涂层的表面及横截面微观结构，并分析涂层的物相组成。

2.1　PVD 氮化物涂层的制备

阴极弧蒸镀（cathodic arc-evaporation）技术是物理气相沉积（PVD）方法中发展较早的镀膜技术，它是利用弧蒸发电极材料作为沉积源的 PVD 沉积手段。尽管后来出现的溅射镀和离子镀在很多方面要比阴极弧蒸镀优越，但阴极弧蒸镀仍有很多的优点。它能产生由高度离子化的被蒸发材料组成的等离子体，其中离子在电场的作用下获得高能量，蒸发、离子化、加速都集中在阴极斑点及其附近的区域内，其设备和工艺相对比较简单，既可以获得非常纯净的镀膜，又可获得具有特定结构和性质的涂层。另外，高能量的粒子沉积在基体表面上有足够的表面扩散能力来改善薄膜的结构和与基体的结合[6]。因此，阴极弧蒸镀仍然是目前在工业上采用较多的涂层方法。

图 2-1 为阴极弧蒸镀的工作原理图。在此工艺中，电弧环绕坚固的金属涂层材料运动，使该涂层材料蒸发。由于使用了强电流和功率密度，蒸发材料几乎全部离子化并形成高能量的等离子。金属离子与加入到反应室中的氮气结合，以

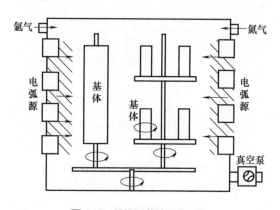

图 2-1　阴极弧蒸镀工作原理

高能量冲击待涂的基体材料，最后沉积为薄而高度黏着的涂层。另外执行涂层工艺时，将基体置于处理腔中，然后抽空该腔的空气以形成真空，只有在真空条件下涂层才能反复沉积。

TiN、TiAlN、AlTiN、CrN 和 CrAlN 涂层全部采用 Oerlikon 公司的 RCS（rapid cooling system）设备进行沉积，并以硬质合金 YG6 和 YT15 为基体，表2-1 为文献[105，106]中所选基体的物理性能参数。

表 2-1 基体的物理性能参数

材料	硬度（HRC）	密度 ρ/（g/cm³）	热导率（20℃）K/[W/（m·K）]	热膨胀系数（20℃）a/（×10⁻⁶K）	弹性模量 E/GPa	泊松比 ν
YG6	75	14.8	79.6	4.5	635	0.26
YT15	78	11.5	33.5	6.51	525	0.21~0.30

图 2-2 为涂层制备的工艺流程图，大体分为四个步骤：

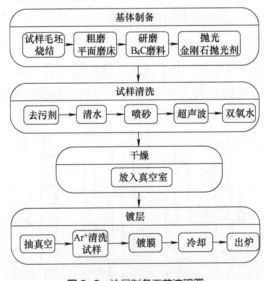

图 2-2 涂层制备工艺流程图

① 基体制备。由于试样的形状要符合试验装置，特别是高温摩擦磨损试验对试样的尺寸有一定的要求，因此要进行特别的定制烧结。本研究的基体委托

济南市冶金科学研究所进行制备。烧结出的试样表面粗糙，因此要经过粗磨、精磨和抛光，分别采用平面磨床、B_4C 研磨和金刚石抛光剂抛光，最终粗糙度约为 0.04μm。

② 试样的清洗。为了保证涂层质量，必须对基体进行深度清洗。这里执行严格的工业涂层生产清洗工艺路线，其流程为[107]：

　　a. 去污剂喷洒清洗：温度 60~70℃，时间 3~15min。

　　b. 清水清洗：室温，时间 1~5min。

　　c. 喷砂清洗：室温，时间 10~20min。

　　d. 超声波清洗：温度 40~50℃，时间 5~10min。

　　e. 双氧水清洗：温度 60~70℃，时间 1~5min。

③ 试样干燥并放入真空室，排列在具有多自由度的旋转试样架上。

④ 镀层。镀层必须在真空环境下进行，使真空度小于 $7×10^{-3}Pa$，之后用高能量的 Ar^+ 粒子轰击基体材料进行溅射清洗，这样能够保证涂层和基体之间具有较高的结合强度。在镀层时，TiN 和 CrN 两种涂层分别采用纯净的 Ti 靶和 Cr 靶与纯度为 99.9% 的 N_2 进行沉积，而 TiAlN、AlTiN 和 CrAlN 三种三元涂层则采用复合的 TiAl、AlCr 靶与 N_2 进行沉积；镀层过程中的基体负偏压控制在 –40~–160V，温度约为 400℃。

2.2　涂层成分及物相组成

使用与扫描电镜配套的能谱分析仪（EDX，JSM-6510）分析几种涂层中的元素分布。此外，使用 X 射线衍射仪（XRD，D8 advance）对涂层的物相组成进行分析。表 2-2 列出了涂层中的各元素含量。

图 2-3 为涂层的 XRD 衍射图谱，其中图（a）为 TiN、TiAlN 和 AlTiN 三种涂层的 XRD 图谱对比。可以看出 TiN 涂层主要的衍射峰为（111）和（200），随着 Al 元素的加入，TiAlN 中（111）衍射峰明显减弱，而（200）衍射峰增强；在高铝含量的 AlTiN 涂层中（111）衍射峰消失，只检测到峰值较弱的（200），且波峰较宽，这说明 AlTiN 涂层的结晶情况变差，铝含量越低时其结晶情况反而更好。另一方面，根据谢乐公式[68]，波峰变宽时，涂层的晶粒变小，其结构

表 2-2　涂层中各元素含量

涂层	元素含量/at%			
	Ti	**Al**	**Cr**	**N**
TiN	46.91	—	—	53.09
TiAlN	27.05	21.34	—	51.61
AlTiN	17.00	31.80	—	51.20
CrN	—	—	44.35	55.65
CrAlN	—	28.4	14.64	56.96

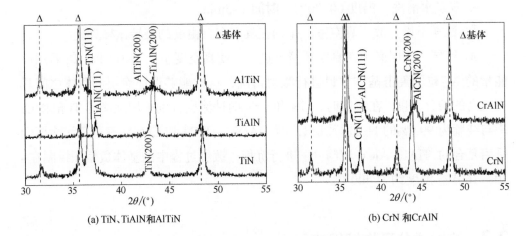

(a) TiN、TiAlN和AlTiN　　　　　　　(b) CrN 和CrAlN

图 2-3　涂层的 XRD 衍射图

会变得更加致密。另外，TiAlN 与 AlTiN 相比 TiN 的主波峰向右偏移，这是因为 Al 元素的加入部分取代了 TiN 晶体中的 Ti 原子，使得涂层结构中的晶格常数减小造成的[107]。与 TiN、TiAlN 和 AlTiN 涂层的情况相似，CrAlN 与 CrN 相比同样表现出结晶变差，主波峰向右偏移和晶粒变小的特性。

2.3　涂层的物理力学性能

涂层的硬度、厚度和涂层与基体之间的结合力等因素均可影响涂层的物理力学性能。

2.3.1 涂层的厚度和硬度

涂层的厚度可以通过涂层的横截面获得，为了获取完整的横截面，特制作夹具如图 2-4 所示。将试样放置在两钢板之间，为了防止涂层的崩脱，放置铜片在镀有涂层的一侧，然后用沉头螺钉进行固定。将整个夹具放置在手动磨床上以小进给量低速磨削获取横截面，然后将试样放入扫描电镜以测量其厚度。

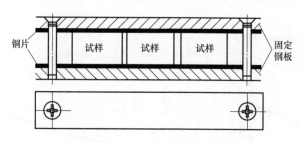

铜片　　试样　试样　试样　　固定钢板

图 2-4　制作涂层横截面专用夹具

在本研究中使用 MH-6 显微硬度计测量涂层硬度（载荷为 50g），并取 10 个点的平均值。尽管如此，用这种方法测得的硬度值还是会受基体的影响，或者说涂层的厚度是一个关键因素。因此这里表征的涂层的硬度值是对应一定的厚度获得的。表 2-3 列出了各涂层的厚度及相应的硬度值。

表 2-3 涂层厚度和硬度

涂层	厚度/μm	硬度（$HV_{0.05}$）
TiN	1.2~3	2200±50
TiAlN	1~4	3200±40
AlTiN	1.3~2	3120±50
CrN	1~4	1680
CrAlN	1.5~4	3150±20

2.3.2 涂层与基体之间的结合力

涂层与基体之间的结合力是指涂层与基体之间的结合强度，也就是单位面积的涂层从基体上脱落所需要的力。具有好的结合力是保证涂层质量的重要因素，是能保证涂层使用性能的基本前提。

本研究中使用划痕法来评定涂层与基体的结合力。划痕法是用一根具有光滑圆锥状顶端的划针，在涂层表面以一定的速度划过，同时逐步增加压头的垂直压力。涂层开裂的最小压力称为临界载荷，用来表征涂层的结合强度，划痕法临界载荷的确定可以根据涂层开裂的声发射，也可以根据摩擦力的突然改变来确定[6]。

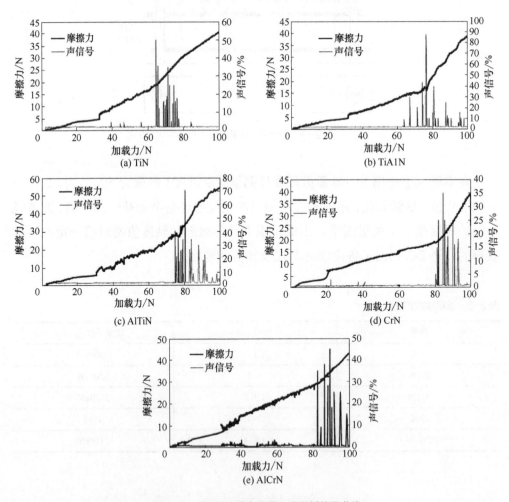

图 2-5　涂层的摩擦力信号及声发射信号曲线

　　划痕试验在 MFT-4000 多功能材料表面性能试验机上进行。五种涂层所获得的相应的摩擦力和声发射信号如图 2-5 所示。对于每种涂层来讲，在声信号刚开始变强时，涂层开始出现剥落倾向，但涂层与基体未发生完全的剥离；而之后摩擦力突变即其斜率急剧变化时认为涂层完全剥落[108]。根据这一规律获得的各涂层的结合力见表 2-4。

表 2-4　涂层的结合力

涂层	TiN	TiAlN	AlTiN	CrN	CrAlN
结合力/N	64	76	78	82	85

2.4　涂层的微观形貌

　　涂层制备完成后，各涂层的表面及断面形貌采用扫描电子显微镜（SEM，JSM-6510）来观察，采用丙酮超声清洗试样后直接检测涂层表面，而采用压溃试样获得的自然断面更能反映涂层的真实横截面形貌。另外，使用 Veeco NT9300 白光干涉仪检测几种涂层的表面粗糙度。

2.4.1　表面微观形貌

　　图 2-6 为五种涂层的表面 SEM 照片。比较几种涂层可以看出，二元涂层 TiN 和 CrN 的涂层表面微观形貌中存在材料聚集现象，隐约可见聚集边界。而三元涂层 TiAlN、AlTiN 和 CrAlN 表面的这一现象减弱，且随着 Al 含量的增加，AlTiN 和 CrAlN 涂层表面更加平整致密。由 2.2 节讨论可知，Al 元素的加入使涂层晶粒变小是涂层变得更加致密的主要原因。

2.4.2　断面微观形貌

　　图 2-7 为五种涂层自然断面的 SEM 照片。TiN 涂层的横截面呈现很明显的柱状晶，而随着 Al 元素的加入，TiAlN 涂层中的柱状晶结构明显减弱，Al 含量

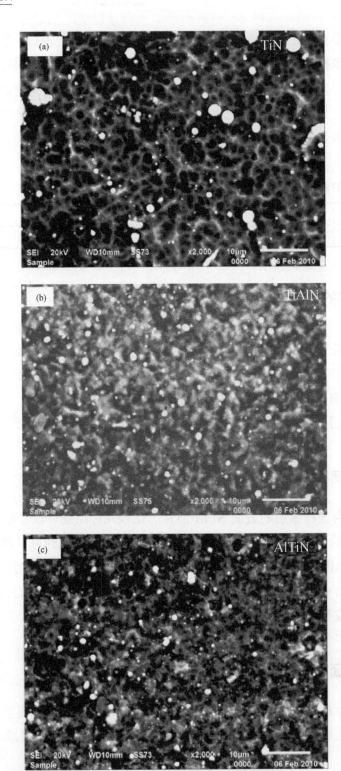

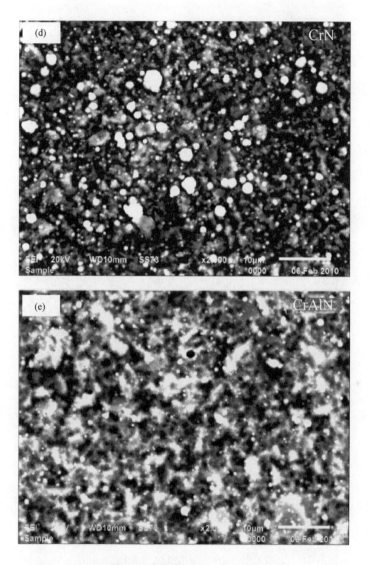

图 2-6　涂层的表面 SEM 照片

继续增加时，AlTiN 涂层的结构更加致密；在 CrN 涂层的横截面中，存在明显的空隙和空洞，这是 Cr 靶在沉积的过程中易形成 Cr 粒子"大颗粒"的原因造成的，而 CrAlN 涂层横截面结构致密。

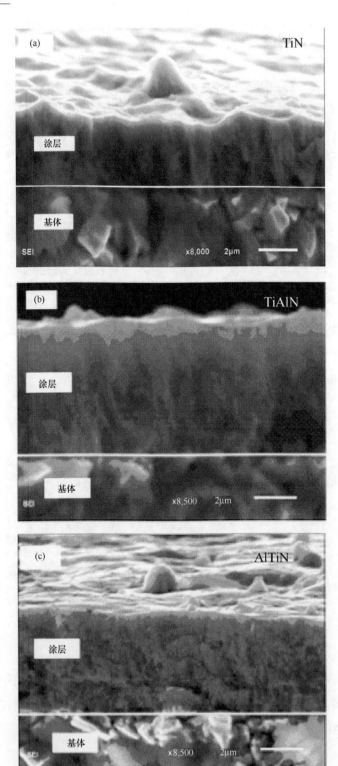

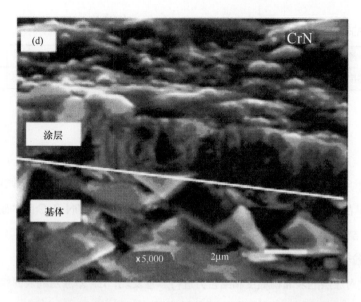

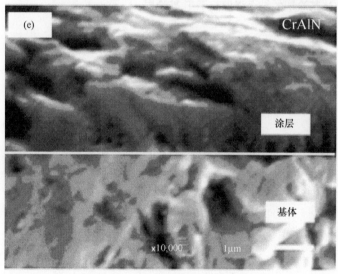

图 2-7　涂层自然断面 SEM 照片

2.4.3　表面粗糙度

在基体表面相同的情况下，表 2-5 显示了五种涂层的表面粗糙度。可以看出，涂层之间粗糙度数值相差不大，但是两种 Cr 基涂层要比 Ti 基涂层的数值略有降低。

表 2-5　涂层的表面粗糙度

涂层	TiN	TiAlN	AlTiN	CrN	CrAlN
粗糙度 $Ra/\mu m$	0.204	0.245	0.225	0.203	0.193

本章小结

① 采用阴极弧蒸镀的方法制备了 TiN、TiAlN、AlTiN、CrN 和 CrAlN 五种氮化物涂层。

② 含 Al 的三元涂层 TiAlN、AlTiN 和 CrAlN 相比二元涂层 TiN 和 CrN 的硬度提高，表面和横截面结构更加致密，随 Al 含量的增加，高 Al 含量的 AlTiN 和 CrAlN 涂层结晶情况变差，但晶粒变小。

③ 通过对涂层的表面粗糙度和结合力进行测量发现，Cr 基涂层的表面粗糙度要略小于 Ti 基涂层，Cr 基涂层的结合强度高于 Ti 基涂层。

第3章
高温下PVD氮化物涂层的摩擦应力分析

本章主要是对涂层在高温环境下的摩擦应力进行仿真分析，综合摩擦副之间的接触应力理论以及涂层在高温下的热应力，从接触力学和热力学两个方面讨论高温摩擦应力，并利用有限元仿真计算高温对摩擦应力的影响。

3.1 球-盘接触的力学问题

在进行摩擦学研究时，常常会根据不同的材料及其对应的使用工况来选择不同的摩擦接触形式，常见接触形式主要分为：面接触、线接触和点接触。通常，面接触的接触应力约为 80~100MPa，线接触的最大接触应力可达 1000~1500MPa。而点接触的最大接触应力可达 5000MPa[109]。氮化物硬质涂层由于其较高的硬度和耐磨性，多数会在高应力状态下应用，如切削，其应力可达 1~2GPa，所以在本研究中选用球-盘接触方式所提供的点接触形式进行摩擦试验，以求接近涂层实际的使用工况。

3.1.1 球-盘接触力学问题的一般求解

根据赫兹理论，两个半径分别为 R_1 和 R_2（盘体半径 R_2 为 ∞）的球体在载荷 P 的作用下，接触半径为：

$$a = \sqrt[3]{\frac{3PR_e}{4E_e}} \qquad (3-1)$$

式中　R_e——接触表面的等效半径；

　　　E_e——接触表面的等效弹性模量。

$$\frac{1}{R_e} = \frac{1}{R_1} + \frac{1}{R_2} \qquad (3-2)$$

$$\frac{1}{E_e} = \frac{1-v_1^2}{E_1} + \frac{1-v_2^2}{E_2} \qquad (3-3)$$

式中　E_1，E_2——接触区两材料的弹性模量；

　　　v_1，v_2——相应的泊松比。

此时，接触区最大的接触应力 p_0 和平均接触应力 p_{ave} 分别为：

$$p_0 = \frac{3P}{2\pi a^2} = \left(\frac{6PE_e^2}{\pi^3 R_e^2} \right)^{\frac{1}{3}} \qquad (3\text{-}4)$$

$$p_{ave} = \frac{P}{\pi a^2} \qquad (3\text{-}5)$$

在整个接触区内，离接触中心距离为 r（接触半径）的位置处接触应力的表达公式为：

$$p(r) = p_0 \left(1 - \frac{r^2}{a^2} \right)^{\frac{1}{2}} \qquad (3\text{-}6)$$

在实际的摩擦运动中，两摩擦材料之间会产生水平方向的摩擦力，对摩擦材料起到剪切作用，存在摩擦系数 μ，产生的剪切应力 q 为：

$$q(r) = \mu p(r) = \mu p_0 \left(1 - \frac{r^2}{a^2} \right)^{\frac{1}{2}} \qquad (3\text{-}7)$$

可见，在一般的球-盘接触方式中，其接触应力 p 及剪切应力 q 是与接触位置点的半径、摩擦系数以及最大接触应力有关的函数，用此方法甚至可以对接触区以外的应力进行计算[110]。

3.1.2　涂层表面接触力学问题

以上的计算方法基于均质体接触，即盘体为均质材料。而本研究中的球-盘接触问题实际上属于多层体接触，如图 3-1 所示。涂层与基体为两种完全不同的材料，具有完全不同的特性参数。因此，以上的计算方法明显不适用于本研究。尽管有研究者[111]试图考虑表面涂层对整个摩擦应力的影响，即把涂层的厚度及其弹性模量考虑在内引入 E_{eff}，并结合赫兹理论进行计算，如式（3-8）所示。

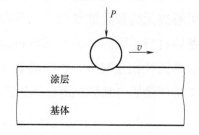

图 3-1　涂层表面接触示意图

$$E_{\text{eff}} = E_{\text{sub}} + (E_c - E_{\text{sub}}) \left[\frac{2}{\pi} \arctan \zeta + \frac{(1-2\mu)\ln\left(\frac{1+\zeta^2}{\zeta^2}\right) - \frac{\zeta}{1+\zeta^2}}{2\pi(1-\mu)} \right] \tag{3-8}$$

式中　E_{sub}——基体弹性模量；

　　　E_c——涂层弹性模量；

　　　ζ——涂层厚度与接触区半径的比值。

但是，赫兹理论本身是基于接触两物体之一为受力易变性的弹性体或二者均为弹性体的情况，而本研究中的摩擦副硬度较高，均可视为刚性体接触。另外，摩擦副之间的硬度相差较大时，一方会很快磨损，实际接触半径远大于采用此方法计算获得的数值，因此此计算方法与本研究相比存在较大的出入。

引入硬质涂层后的摩擦应力问题是复杂的，没有完整的方法和特定的公式进行计算。因此，在本研究中采用多种假设进行简化的有限元方法进行分析，对接触区的应力以及涂层特性对摩擦应力的影响进行模拟计算。

3.2　涂层的高温热应力

3.2.1　涂层中热应力的产生及理论建模

氮化物涂层的制备是在一定的沉积温度下完成的，在此温度下，涂层与基体可看成无约束叠加复合，不存在力的作用。但是，当温度变化时，涂层材料与基体材料不同的热膨胀系数将会导致二者产生不同的热收缩倾向。但二者在结合界面处相互制约，以防随意变形而导致的分离脱落，因此这种不同的收缩倾向将使涂层与基体在界面附近产生应变，根据传统的弯曲梁理论[10]有：

$$\sigma_1 h_1 + \sigma_2 h_2 = 0 \tag{3-9}$$

$$\frac{E_1 \varepsilon_1 h_1}{1-\nu_1} + \frac{E_2 \varepsilon_2 h_2}{1-\nu_2} = 0 \tag{3-10}$$

式中　σ——材料受的应力；

h——厚度；

E——弹性模量；

ε——应变；

v——泊松比；

1，2——下标，分别表示涂层和基体。

而在实际应用中，基体材料的厚度比涂层的厚度大得多，即 $h_2 >> h_1$，则有 $\varepsilon_1 >> \varepsilon_2$，$\sigma_1 >> \sigma_2$，即应变和应力主要集中在涂层之中，此时的应力即为热应力[6]。只要涂层和基体的性质不同，且温度与沉积温度有偏差时，涂层中的热应力势必存在，是不可避免的。并且，不仅在涂层制备后的变温过程中会产生热应力，而且之后的任何温度变化均会导致热应力的产生[10]。下面针对涂层中的应力进行分析，如图 3-2 所示，此模型基于线弹性力学理论。为了简化分析，作如下假设[112,113]：

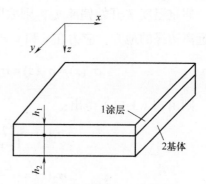

图 3-2　涂层与基体应力研究模型

① 材料均质且各向同性，且材料所处的温度环境与坐标轴 x、y 无关。

② 应力和应变作用在基体的 xy 平面内。

③ 与 xy 平面垂直的应力为 0。

④ 忽略基体的应变。

根据胡克定律、变形条件和力平衡条件来确定应力大小，如下式所示[114]：

$$\varepsilon_x(z) = \frac{1}{E(z)}\Big[\sigma_x(z) - v(z)\sigma_y(z)\Big] + \alpha(z)\big[T(z) - T_0\big] \qquad （3-11）$$

$$\varepsilon_y(z) = \frac{1}{E(z)}\Big[\sigma_y(z) - v(z)\sigma_x(z)\Big] + \alpha(z)\big[T(z) - T_0\big] \qquad （3-12）$$

对式（3-11）和式（3-12）进行变形可得到 σ_x 与 σ_y 的表达式为：

$$\sigma_x(z) = \frac{E(z)}{1 - v^2(z)}\Big\{\varepsilon_x(z) + v(z)\varepsilon_y(z) + \big[1 + v(z)\big]\alpha(z)\big[T_0 - T(z)\big]\Big\} \qquad （3-13）$$

$$\sigma_y(z) = \frac{E(z)}{1 - v^2(z)}\Big\{\varepsilon_y(z) + v(z)\varepsilon_x(z) + \big[1 + v(z)\big]\alpha(z)\big[T_0 - T(z)\big]\Big\} \qquad （3-14）$$

式中　　ε_x，　ε_y——x 和 y 方向的应变；

　　　　σ_x，　σ_y——x 和 y 方向的应力；

　　　　　E——涂层在 z 方向的弹性模量；

　　　　　α——涂层的热膨胀系数；

　　　　　ν——涂层的泊松比；

　　　　　T——涂层的工作温度；

　　　　　T_0——涂层的沉积温度，此时涂层应力为 0。

假定温度 T 开始偏离 T_0，则涂层与基体不同的热膨胀系数会产生热应力，在远离边缘的地方，应力在 x 和 y 方向上是各向同性的，即存在：

$$\sigma_x(z) = \sigma_y(z) = \sigma(z)，\quad \varepsilon_x(z) = \varepsilon_y(z) = \varepsilon(z) \tag{3-15}$$

则由式（3-13）得出：

$$\sigma_1(z) = \frac{E_1}{1-\nu_1}\left\{\varepsilon(z) + \alpha_1\left[T_0 - T(z)\right]\right\} \tag{3-16}$$

$$\sigma_2(z) = \frac{E_2}{1-\nu_2}\left\{\varepsilon(z) + \alpha_2\left[T_0 - T(z)\right]\right\} \tag{3-17}$$

令 $E'_1 = \dfrac{E_1}{1-\nu_1}, E'_2 = \dfrac{E_2}{1-\nu_2}$，则式（3-16）和式（3-17）可分别写为：

$$\sigma_1(z) = E'_1\left\{\varepsilon(z) + \alpha_1\left[T_0 - T(z)\right]\right\} \tag{3-18}$$

$$\sigma_2(z) = E'_2\left\{\varepsilon(z) + \alpha_2\left[T_0 - T(z)\right]\right\} \tag{3-19}$$

根据涂层受力后是否变形分两种情况进行讨论，即受约束不变形及自由变形，如图 3-3 所示。

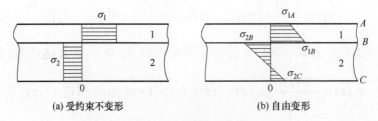

(a) 受约束不变形　　　　　　　(b) 自由变形

图 3-3　不同的应力分布

当材料受到约束而不产生变形的情况下，如图 3-3（a）所示应力在涂层与基体中均匀分布。在不受外力的情况下，涂层与基体在横截面上的合力为零，通过对两应力在横截面上积分可得：

$$\sigma_1 = \frac{(\alpha_1 - \alpha_2)(T_0 - T)}{\dfrac{1-\nu_1}{E_1} + \dfrac{1-\nu_2}{E_2} \times \dfrac{h_1}{h_2}} \tag{3-20}$$

基体应力为：

$$\sigma_2 = -\sigma_1 \frac{h_1}{h_2} \tag{3-21}$$

因为 $h_2 \gg h_1$，则有：

$$\sigma_{1max} = \frac{E_1(\alpha_1 - \alpha_2)(T_0 - T)}{1-\nu_1} = E_1'(\alpha_1 - \alpha_2)(T_0 - T) \tag{3-22}$$

图 3-3（b）表示出了材料自由变形时的应力分布，可见涂层与基体中的应力均在厚度方向上线性分布，令 $\eta' = E_1' / E_2'$，$k = h_1 / h_2$，则

$$\sigma_1 = E_1' \left\{ \frac{4 + 3/k + 1/\eta' k^3}{\left[3 + (1 + \eta' k^3)(1 + 1/\eta' k)(1 + k)^2 \right](1 + 1/k)^2} (\alpha_1 - \alpha_2)(T_0 - T) + \frac{z}{R} \right\} \tag{3-23}$$

$$\sigma_2 = E_1'(\alpha_1 - \alpha_2)(T_0 - T) \frac{-k - 3/\eta' k - 4/\eta' k^2}{\left[3 + (1 + \eta' k^3)(1 + 1/\eta' k)(1 + k)^2 \right](1 + 1/k)^2} + E_2' \frac{z}{R} \tag{3-24}$$

式中，$R = \dfrac{3 + (1 + \eta' k^3)\left[1 + 1/\eta' k \right]/(1 + k)^2}{6(\alpha_1 - \alpha_2)(T_0 - T)}(h_1 + h_2)$。

通过变化不同的 z 值可获得不同位置的应力值，当 $z = -h_1$ 和 $z = 0$ 时，可分别计算出涂层中最易失效的表面和界面应力值：

$$\sigma_{1A} = E_1' \left\{ \frac{(1 + 1/\eta' k^3) - 3(1 + 1/\eta' k)}{\left[3 + (1 + \eta' k^3)(1 + 1/\eta' k)(1 + k)^2 \right](1 + 1/k)^2} (\alpha_1 - \alpha_2)(T_0 - T) \right\} \tag{3-25}$$

$$\sigma_{1B} = E_1' \left\{ \frac{(1 + 1/\eta' k^3) + 3(1 + 1/\eta' k)}{\left[3 + (1 + \eta' k^3)(1 + 1/\eta' k)(1 + k)^2 \right](1 + 1/k)^2} (\alpha_1 - \alpha_2)(T_0 - T) \right\} \tag{3-26}$$

当 $z = 0$ 和 $z = -h_2$ 时，可分别计算出基体结合界面和基体底部的应力值：

$$\sigma_{2B} = E_1'(\alpha_1 - \alpha_2)(T_0 - T)\frac{-k - 3/\eta'k - 4/\eta'k^2}{\left[3 + (1 + \eta'k^3)(1 + 1/\eta'k)(1 + k)^2\right](1 + 1/k)^2} \tag{3-27}$$

$$\sigma_{2C} = E_1'(\alpha_1 - \alpha_2)(T_0 - T)\frac{-k + 3/\eta'k + 2/\eta'k^2}{\left[3 + (1 + \eta'k^3)(1 + 1/\eta'k)(1 + k)^2\right](1 + 1/k)^2} \tag{3-28}$$

式（3-22）、式（3-25）~式（3-28）揭示了涂层应力与温度差值、涂层与基体热膨胀系数的差值、厚度之比、两材料弹性模量之比以及材料泊松比等参数的关系。可见，在其他参数不变的情况下，温度的变化线性影响了应力数值的大小，对应力的计算起到了决定性的作用。

3.2.2 热应力对涂层失效的影响

一般情况下，对于涂覆在硬质合金基体上的氮化物涂层来说，综合考虑温度、热膨胀系数、弹性模量等参数对热应力的影响，当温度高于沉积温度时涂层中会产生压应力，当温度低于沉积温度时会产生拉应力[115,116]。

弧源蒸镀沉积氮化物涂层时的温度约为 400℃，当涂层与基体由此温度冷却到室温时，两者由于热膨胀系数的差别引起的热胀失配将产生热应力，且涂层中为拉应力。当涂层与基体界面结合良好时，这种拉应力会导致沿涂层厚度方向的微裂纹，且会沿着结合界面方向扩展，如图 3-4（a）所示。当温度高于 400℃时，涂层中易产生压应力，如果涂层与基体结合界面存在缺陷，当涂层内的压应力超过临界载荷时将产生翘曲，从而导致涂层的剥落失效，如图 3-4（b）所示。因此分析温度变化所产生的热应力引起的涂层失效可以得出以下结论：不

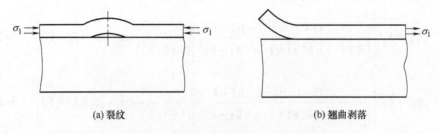

(a) 裂纹   (b) 翘曲剥落

图 3-4 涂层在热应力作用下的失效形式

同性质的涂层和基体材料在不同温度下的膨胀或收缩程度不同，会在涂层中产生热应力，该应力通过涂层和基体结合界面上的剪切力传递，使涂层系统收缩、拉伸或者翘曲剥落，从而导致涂层的整体失效。

本研究涉及温度的变化，鉴于热应力对涂层失效产生的影响，在考虑摩擦应力时，势必要考虑高温摩擦磨损环境中的热应力，进行综合计算。

3.2.3　摩擦接触表面的最高温度计算

在摩擦的过程中，摩擦副除了受环境温度的影响外，自身还会产生耦合温升，使得摩擦区域的最高温度大于摩擦盘的其余部分，相应的摩擦区域的热应力数值改变，从而影响了整体的摩擦应力，因此需要考虑摩擦温升对摩擦应力的影响，即计算摩擦接触表面的最高温度。

在本书中，采用文献[117]中的解析计算公式。其中，作者通过必要的假设，采用热传导方程推导出了高温环境下球-盘摩擦形式中摩擦盘表面的最高温度计算公式：

$$\theta_{max} = \frac{4q\sqrt{aL_r}}{3\sqrt{\pi v}(\sqrt{L_r\lambda_1\rho_1C_1} + \sqrt{a\lambda_2\rho_2C_2})} + \theta^* \qquad (3-29)$$

式中　a——小球的接触半径；

　　　L_r——计算温度时经过的距离；

　　　v——摩擦速度；

λ_1, ρ_1, C_1——分别为摩擦盘上涂层的导热系数、密度和比热容；

λ_2, ρ_2, C_2——分别为配副 SiC 球的导热系数、密度和比热容；

　　　θ^*——环境温度；

　　　q——界面上的摩擦热流密度，将摩擦考虑为单微凸体接触，则 q 满足式（3-30）[110]。

$$q = \mu Pv / (\pi a^2) \qquad (3-30)$$

式中　μ——摩擦系数；

　　　P——垂直加载力。

可见，接触表面的最高温度的主要影响参数为摩擦系数、接触半径、摩擦速度以及加载力等。

这部分的计算是在摩擦试验结束后完成的，所使用的计算参数均取试验过程中的真实数值，各涂层相应的参数测量及计算结果见 6.1.1 节。在模拟仿真摩擦应力的过程中对照表 6-1 加载由摩擦引起的表面最高温度。

3.3 PVD 氮化物涂层的高温摩擦应力的有限元模拟

为了考察涂层在高温下的摩擦应力，采用 ANSYS 有限元分析软件进行模拟分析。在计算的过程中，综合考虑温度、涂层与基体的物理性能参数，涂层的厚度等众多因素对摩擦应力的影响。

3.3.1 有限元分析模型的建立

（1）模型建立

几何模型选取与摩擦盘实际形状相同的圆柱形，考虑实际运算的问题，取基体圆柱体的直径为 D=6mm，高度 H=1.5mm，而涂层的厚度取 h=3μm，与基体相比，涂层的厚度很小，这与实际情况相符。另外，因为模型本身为轴对称图形，取其一半作为研究对象，这样将三维问题简化为二维问题，从而在不影响计算精度的前提下，减少了计算时间。图 3-5 给出了所建立的几何模型。在计算的过程中，遵循热应力计算的基本假设[108]。

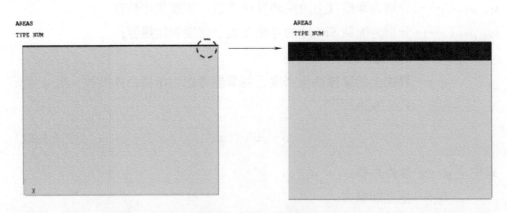

图3-5 有限元几何模型

（2）边界条件及力的加载

涂层和基体均采用 Plane42 单元。通过后文 5.2 节的研究可知，在球-盘接触的摩擦形式中，点接触会在很短的时间之内转化为小平面的接触，为了模拟这种实际的接触状态，力的加载区域设定为圆形，直径定为 0.06mm，采用表面单元 Surf153，并约束模型底边的位移。考虑环境温度和摩擦温升的综合影响，设置模型整体的初始温度(摩擦环境温度)，并在摩擦区域施加温升载荷。因为涂层部分为重点研究区域，将涂层区域进行细化处理，基体采用渐变的方式划分，越靠近涂层，基体界面划分越细。网格划分精度以结果不出现明显变化为止。整个模型总共有 10133 个节点，9766 个单元。其加载的二维示意图见图 3-6。

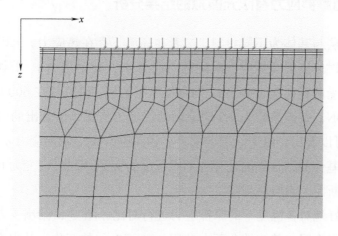

图 3-6　网格划分及力的加载示意图

（3）材料的物理性能参数

在高温环境下通过有限元模拟进行摩擦应力分析时，用到的参数有弹性模量、密度、泊松比、热膨胀系数和导热系数。TiN、TiAlN、AlTiN、CrN 和 CrAlN 五种氮化物涂层以及 YG6 基体相应的参数由文献[6,118-120]获得，如表 3-1 所示。仿真时，设涂层的沉积温度为 400℃，研究涂层在常温 25℃、400℃、500℃、600℃、700℃时的摩擦应力数值。

表 3-1　涂层和基体材料的热物理性能参数

材料	密度/（kg/m³）	弹性模量/GPa	泊松比	热膨胀系数/×10⁻⁶	比热容/[J/（kg·K）]	导热系数/[W/（m·℃）]
YG6	14900	635	0.26	4.5	209.34	79.6
TiN	5220	600	0.25	9.4	805	19.3
TiAlN	4345	510	0.32	7.24	975	10
AlTiN	2095	560	0.32	6.23	1071	6
CrN	5900	350	0.2	6	757.54	12
AlCrN	4873	530	0.25	4.162	1062	5

3.3.2　高温摩擦应力有限元模拟的结果分析

鉴于涂层与基体为不同材料，二者在高温下存在热应力，出现互相脱离倾向，因此在讨论高温摩擦应力时除轴向应力 σ_z（接触应力）、剪切应力 τ_{xz} 外，还应考虑所受的径向应力 σ_x。以 TiAlN 涂层为例，研究其在 600℃环境下，垂直压力为 10N，摩擦系数为 0.2 时涂层所受应力情况，仿真出的应力云图如图 3-7 所示。可以看出，由于涂层的引入，径向应力 σ_x、轴向应力 σ_z 和剪切应力 τ_{xz} 在涂层与基体的结合界面处存在不同程度的突变。因此，应变为 0 的情况下，此处为危险断面，涂层易剥落。

为了更好地对各温度下的摩擦应力进行对比，图 3-8 给出了力的加载区域及前后范围内涂层与基体结合面上的 σ_x、σ_z 和 τ_{xz} 的变化，其中力的加载区域为 $-0.5a\sim0.5a$（a 为加载区域的半径），图 3-8（d）为取值位置示意图。可以看出，温度对径向应力 σ_x 的影响较大，随温度的升高，涂层与基体结合面上所受的最大压应力值增加，而室温下的压应力最小且最大压应力发生在力的加载区域内，且靠近力的加载方向的前边缘。而最大拉应力发生在加载区域之外，且当温度升高时，最大拉应力反而减小，室温下的拉应力最大。由图 3-8（b）、（c）可以看出，温度对涂层所受的轴向应力 σ_z 和剪切应力 τ_{xz} 的影响不大。这是因为温度的变化只影响涂层所受的热应力，对接触应力无影响，而与摩擦副之间产生的接触应力相比，热应力中的轴向应力要小很多，因此在结合面上，温度对 σ_z 和 τ_{xz} 影响不大。

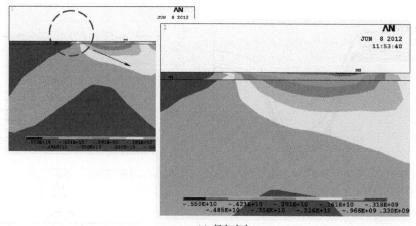

(a) 径向应力 σ_x

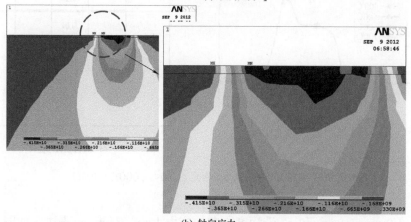

(b) 轴向应力 σ_z

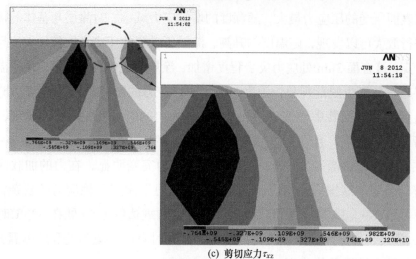

(c) 剪切应力 τ_{xz}

图 3-7　TiAlN 涂层的摩擦应力分布云图（600℃，10N）

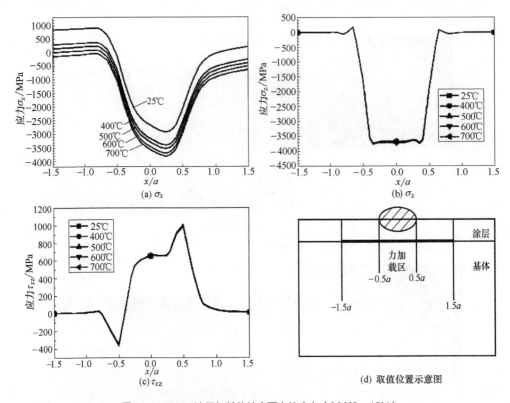

(a) σ_x (b) σ_z (c) τ_{xz} (d) 取值位置示意图

图 3-8   TiAlN 涂层与基体结合面上的应力（600℃，10N）

图 3-9 为 σ_x、σ_z 和 τ_{xz} 沿深度方向的应力大小。对于 σ_x 来讲，如图 3-9(a) 在涂层表面所受的压应力最大，随深度的增加应力减小。对涂层与基体的接合面区域进行放大可以发现，随温度的升高，涂层所受到的压应力数值增大，且随温度的升高，接合面 3μm 处应力突变程度增加，涂层易发生翘曲脱落。说明温度越高涂层越容易发生脱落现象，温度对高温摩擦应力的影响较大。图 3-9(b)、(c) 分别显示了力的加载中心处 σ_z 和 τ_{xz} 沿深度方向的应力变化，可以发现，温度对二者的影响较小，且在结合面处未发现明显的应力突变现象。但图 3-9(d)显示出在力的加载边缘 $0.5a$ 处，结合面上的应力突变明显，在力的加载区域不同位置处所受的摩擦应力情况不同，说明了高温下涂层摩擦应力的复杂性。另外，通过图 3-9（d）放大图可以发现，在力的加载边缘 $0.5a$ 处在 600℃时的剪应力 τ_{xz} 最大，这是因为摩擦应力的仿真计算同时考虑环境温度和摩擦温升，此温度下的综合计算数值略高。

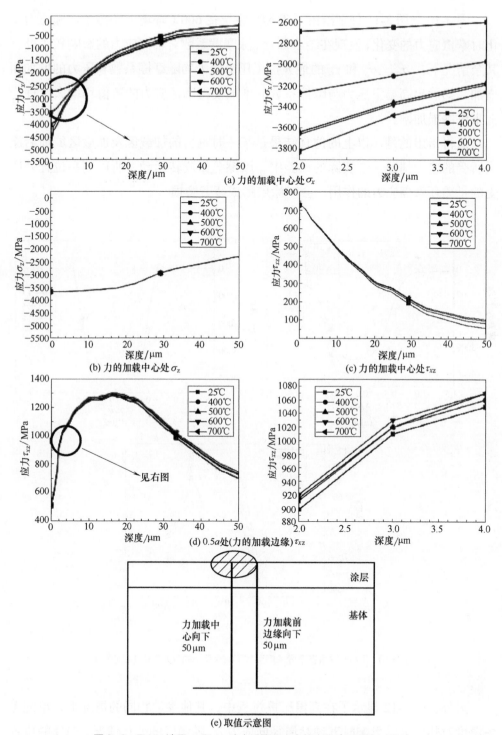

(a) 力的加载中心处 σ_x

(b) 力的加载中心处 σ_z

(c) 力的加载中心处 τ_{xz}

(d) 0.5a处(力的加载边缘) τ_{xz}

(e) 取值示意图

图 3-9　TiAlN 涂层 σ_x 和 τ_{xz} 应力沿深度方向的变化（600℃，10N）

图 3-10 与图 3-11 分别给出了 TiAlN 涂层在 600℃环境下摩擦系数和压力变化时摩擦应力的变化，发现在结合面处，除摩擦系数对轴向应力的影响较小外，其余情况下，σ_x、σ_z 和 τ_{xz} 的最大拉（压）应力均随摩擦系数和压力的增加而增加，揭示出高温下压力与摩擦系数的增加使得摩擦应力的数值均增大，理论上来讲磨损加剧。

值得指出的是，以上的仿真结果是某一时刻力的加载区及加载区域前后涂层所受的应力情况。在实际的试验中，摩擦盘做旋转运动，所以同一位置处所受的是循环摩擦应力的作用，会对涂层形成疲劳磨损。

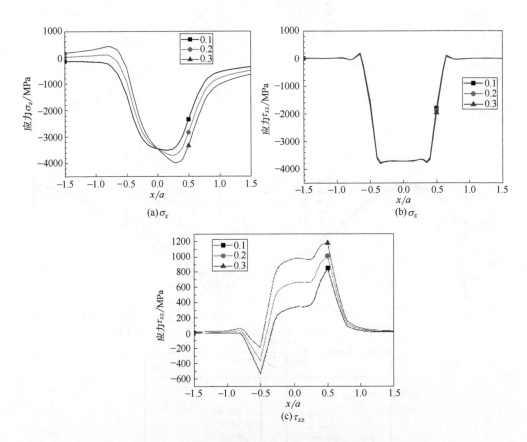

图 3-10　TiAlN 涂层在不同摩擦系数下结合面上的应力变化（600℃）

另外，图 3-12 显示了在高温摩擦过程中，其他参数相同的情况下，单纯考虑温度对热应力的影响时五种涂层径向应力 σ_x 随温度的变化情况，选择的位置

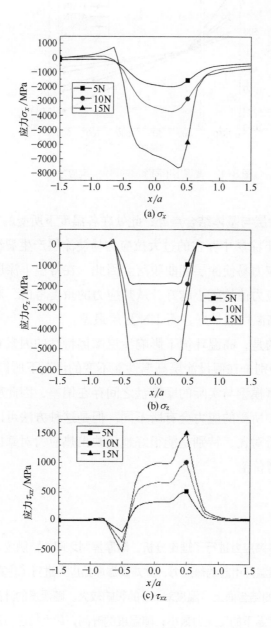

(a) σ_x

(b) σ_z

(c) τ_{xz}

图 3-11　TiAlN 涂层不同压力作用下结合面上的应力变化（600℃）

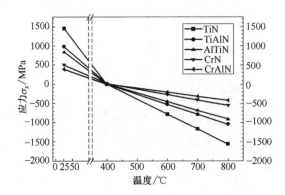

图 3-12　高温下不同涂层的最大径向应力 σ_x

为仿真模型轴线上涂层与基体结合点处，此处在各温度下所受的热应力最大。由 3.2.2 节可知，室温下涂层中存在的过大拉应力易使涂层产生裂纹，而高温下涂层中残留的过大压应力易使涂层翘曲脱落。因此，在常温下涂层中的拉应力和高温下涂层中的压应力值均越小越好。从热应力的角度考虑，对比五种涂层发现，CrAlN 涂层的高温性能最好，而 TiN 涂层最差。

需要特别指出的是，高温环境下影响涂层摩擦特性的因素有很多，这里仅仅是对理想情况，特别是在假设涂层高温性能不变的情况下所得出的仿真结果；另外，所使用的仿真模型与实际的摩擦盘之间存在偏差，因此所获得的仿真数据与实际摩擦过程中所受的应力会有所不同。但是这种方法可以对不同高温环境下的摩擦应力进行对比，特别是能很好地反映出热应力对摩擦应力的影响，因此具有很高的参考价值。

本章小结

本章主要对高温摩擦应力进行了理论分析，除摩擦副之间的接触应力外，还分析了由摩擦环境温度以及摩擦温升引起的热应力，并对高温摩擦应力进行了仿真计算。

① 在涂层与基体的结合面上，温度对 σ_x 的影响较大。随温度的升高，涂层所受的最大压应力值增加，而室温下的压应力最小；随温度的升高，最大拉应力反而减小，室温下的拉应力最大。在结合面上，温度对 σ_z 和力 τ_{xz} 的影响不大。

② 沿深度方向，力的加载中心处的 σ_x、力的加载边缘处的 τ_{xz} 在涂层与基体的接合面上均存在突变，且随温度的升高，突变程度增加，涂层易发生翘曲脱落。

③ 在结合面处，除摩擦系数对 σ_z 的影响较小外，σ_x、σ_z 和 τ_{xz} 的最大拉（压）应力均随摩擦系数和压力的增加而增加，揭示出高温下压力与摩擦系数的增加使得摩擦应力的数值均增大，理论上来讲磨损加剧。

④ 从热应力的角度考虑，对比 TiN、TiAlN、AlTiN、CrN 和 CrAlN 五种涂层发现，CrAlN 涂层的高温热力学性能最好，而 TiN 涂层最差。

第4章
PVD氮化物涂层的高温氧化特性

涂层在高温工作环境下与空气接触会产生氧化反应。涂层氧化后其硬度、结合力等物理力学性能急剧下降，从而影响其摩擦性能。本章将分理论和试验两部分对氮化物涂层的高温氧化特性进行研究。理论部分将从氧化反应的热力学和动力学两方面进行分析和计算，而通过氧化试验，研究涂层的高温氧化特性，明确每种涂层的高温氧化机制，分析成分对涂层氧化机制的影响，并对不同涂层的氧化特性及机制进行对比研究。

4.1　涂层氧化反应理论及计算

4.1.1　涂层氧化反应的热力学计算

热力学主要是利用能量转化的观点来研究物质的热性质，它揭示了能量从一种形式转换为另一种形式时遵从的宏观规律，具有高度的可靠性和普遍性，在化学、冶金等很多领域发挥着重要作用。

如果一个反应在恒温恒压条件下进行，整个系统应遵循：

$$\Delta G = \Delta H - T\Delta S \qquad (4\text{-}1)$$

式中，T 为反应的发生温度；ΔH、ΔS 分别表示反应系统的最终状态与初始状态的焓差、熵差；系统的吉布斯自由能变化表示为 ΔG。

按照热力学第二定律，吉布斯自由能的变化能作为一个反应在恒温恒压条件下是否发生的判断依据[121]。

当 $\Delta G=0$，反应达到平衡状态，可逆进行；

当 $\Delta G>0$，为正值，反应不能发生；

当 $\Delta G<0$，为负值，反应可以自发进行。

而对于一个反应的吉布斯自由能 ΔG 的计算方法有三种：标准反应热效应法、标准反应熵差法和吉布斯自由能函数法，其中以吉布斯自由能函数法最为常用。对于反应的标准吉布斯自由能可以用下式表示[122]：

$$\Delta G_T^{\theta} = \Delta H_{298}^{\theta} - T\Delta \Phi_T' \qquad (4\text{-}2)$$

式中，ΔH_{298}^{θ} 为常温标准反应热效应(J)，可以由以下公式求得：

$$\Delta H_{298}^{\theta} = \sum (n_i H_{\mathrm{B}i,f,298})_{\text{生成物}} - \sum (n_i H_{\mathrm{A}i,f,298})_{\text{反应物}} \qquad (4\text{-}3)$$

其中，$H_{\mathrm{B}i,f,298}$ 和 $H_{\mathrm{A}i,f,298}$ 为常温 298K 时物质 B_i 和 A_i 的标准摩尔生成热

（$J \cdot mol^{-1}$）；n_i 为单个物质的化学计量系数。

$\Delta \Phi_T'$ 为反应吉布斯自由能函数，可以由以下公式求得：

$$\Delta \Phi_{298}^{\theta} = \sum (n_i \Phi'_{Bi,T})_{生成物} - \sum (n_i \Phi'_{Ai,T})_{反应物} \qquad （4-4）$$

式中，$\Phi'_{Bi,T}$ 和 $\Phi'_{Ai,T}$ 分别为物质 B_i 和 A_i 在温度 T 下的吉布斯自由能函数值（$J \cdot mol^{-1} \cdot K^{-1}$）；$H_{Bi,f,298}$、$H_{Ai,f,298}$、$\Phi'_{Bi,T}$ 和 $\Phi'_{Ai,T}$ 均可查手册[122]获得。对于特殊温度值，则由手册提供的内插公式算得。

对于三元涂层 TiAlN、AlTiN 和 CrAlN，目前在热力学手册中难以查到相关的热力学数据，因此不能够准确地给出计算结果。但对于含 Ti、Al 和 Cr 元素的物质来讲，在很多研究涂层氧化的相关文献中[51,123,124]，从试验的角度检测出氧化物生成物分别为 TiO_2、Al_2O_3 和 Cr_2O_3。表 4-1~表 4-3 证明了在 400~1000℃ 生成几种氧化物的吉布斯自由能均小于 0，在理论上证明了反应均可发生。其中，T 为热力学温度。

表4-1　Ti 在各温度下氧化成为 TiO_2 时的吉布斯自由能的计算

温度 T/K	反应物				生成物		自由能/kJ		
	Ti+O₂=TiO₂						$\Delta G_T^{\theta} = \Delta H_{298}^{\theta} - T\Delta \Phi'_T$		
	ΔH_{298}^{θ}		$\Delta \Phi'_T$		ΔH_{298}^{θ}	$\Delta \Phi'_T$	ΔH_{298}^{θ}	$T\Delta \Phi'_T$	ΔG_T^{θ}
	Ti	O₂	Ti	O₂	TiO₂	TiO₂			
673	0	0	0.037	0.212	−944.7	0.066	−944.7	−123.2	−821.5
773	0	0	0.040	0.215	−944.7	0.071	−944.7	−142.2	−802.5
873	0	0	0.042	0.218	−944.7	0.076	−944.7	−160.6	−784.1
973	0	0	0.044	0.22	−944.7	0.081	−944.7	−178.1	−766.6
1073	0	0	0.046	0.222	−944.7	0.086	−944.7	−195.3	−749.4
1173	4.1	0	0.048	0.224	−944.7	0.091	−948.8	−212.3	−736.5
1273	4.1	0	0.050	0.226	−944.7	0.096	−948.8	−229.1	−719.7

在对几种元素的氧化反应的热力学推动力大小进行比较时，通常利用氧势（金属与 1mol 氧反应的吉布斯自由能变化）来进行判断。以 800℃（1073K）举例，Ti 与 1mol 的 O_2 反应生成 TiO_2 时吉布斯自由能的变化为-749.4kJ。而表 4-2 和表 4-3 中给出的 O_2 的摩尔系数为 3，相当于与 3mol 的 O_2 反应的吉布斯自

由能的变化结果,因此 Al 和 Cr 分别与 1mol 的 O_2 反应生成 $2/3Al_2O_3$ 和 $2/3Cr_2O_3$ 的反应的吉布斯自由能的变化结果分别为 −903.5kJ 和 −565kJ。从中可以看出,三种元素与 1mol 的 O_2 反应的吉布斯自由能表现为 $\left|\Delta G^{\theta}_{Al_2O_3}\right|>\left|\Delta G^{\theta}_{TiO_2}\right|>\left|\Delta G^{\theta}_{Cr_2O_3}\right|$,即生成 Al_2O_3 的吉布斯自由能数值的绝对值要比其他两种氧化物的大,说明高温下生成 Al_2O_3 的热力学推动力最大,Al 与 O 的亲和力最大,优先生成。另外,氧化反应的吉布斯自由能数值的绝对值大小还反映氧化物的稳定性,绝对值越大氧化物越稳定,因此三种氧化物稳定性的大小依次为:$Al_2O_3>TiO_2>Cr_2O_3$。

表 4-2　Al 在各温度下氧化成为 Al_2O_3 时的吉布斯自由能的计算

温度 T/K	反应物				生成物		自由能/kJ		
	$4Al+3O_2{=}\!\!=2Al_2O_3$						$\Delta G^{\theta}_T = \Delta H^{\theta}_{298} - T\Delta \Phi'_T$		
	ΔH^{θ}_{298}		$\Delta \Phi'_T$		ΔH^{θ}_{298}	$\Delta \Phi'_T$	ΔH^{θ}_{298}	$T\Delta \Phi'_T$	ΔG^{θ}_T
	4Al	$3O_2$	4Al	$3O_2$	$2Al_2O_3$	$2Al_2O_3$			
673	0	0	0.14	0.636	−3350	0.15	−3350	−421.3	−2928.7
773	0	0	0.15	0.645	−3350	0.17	−3350	−483.1	−2866.9
873	0	0	0.16	0.654	−3350	0.18	−3350	−553.5	−2796.5
973	42.8	0	0.17	0.66	−3350	0.20	−3392.8	−613	−2779.8
1073	42.8	0	0.18	0.666	−3350	0.21	−3392.8	−682.4	−2710.4
1173	42.8	0	0.19	0.672	−3350	0.23	−3392.8	−741.3	−2651.5
1273	42.8	0	0.20	0.636	−3350	0.24	−3392.8	−758.7	−2634.1

表 4-3　Cr 在各温度下氧化成为 Cr_2O_3 时的吉布斯自由能的计算

温度 T/K	反应物				生成物		自由能/kJ		
	$4Cr+3O_2{=}\!\!=2Cr_2O_3$						$\Delta G^{\theta}_T = \Delta H^{\theta}_{298} - T\Delta \Phi'_T$		
	ΔH^{θ}_{298}		$\Delta \Phi'_T$		ΔH^{θ}_{298}	$\Delta \Phi'_T$	ΔH^{θ}_{298}	$T\Delta \Phi'_T$	ΔG^{θ}_T
	4Cr	$3O_2$	4Cr	$3O_2$	$2Cr_2O_3$	$2Cr_2O_3$			
673	0	0	0.12	0.636	−2259.4	0.22	−2259.4	−360.7	−1898.7
773	0	0	0.13	0.645	−2259.4	0.24	−2259.4	−413.6	−1845.9
873	0	0	0.14	0.654	−2259.4	0.26	−2259.4	−466.2	−1793.2
973	0	0	0.15	0.66	−2259.4	0.28	−2259.4	−515.7	−1743.7
1073	0	0	0.16	0.666	−2259.4	0.30	−2259.4	−564.4	−1695
1173	0	0	0.17	0.672	−2259.4	0.32	−2259.4	−612.3	−1647.1
1273	0	0	0.18	0.636	−2259.4	0.34	−2259.4	−605.9	−1653.5

4.1.2　涂层的高温氧化动力学分析

氧化热力学理论仅仅能够确定高温下的氧化能否自发进行以及所生成氧化物的稳定性，但涂层的抗氧化性能又与涂层的氧化速度和氧化机制有密切关系，需要用氧化动力学的理论进行分析，其中包括氧化膜的生长速度及氧化膜的完整性。

（1）氧化膜的生长速度分析

涂层的高温氧化实际上是一个十分复杂的过程，受很多因素的影响，但一般认为影响材料抗氧化性能的主要因素为材料本身及所形成氧化膜的特性[121]。涂层本身的特性对其高温氧化行为有重要的影响，几种涂层的化学成分、相组成以及组织结构在第 2 章已经进行了检测，分析出添加 Al 元素的三元涂层比二元涂层的性能提高，所形成的 TiAlN、AlTiN 和 CrAlN 涂层微观结构致密，能够有效阻挡氧向涂层的内部扩展。

对于含 Ti、Al 和 Cr 元素的涂层氧化后分别生成 TiO_2、Al_2O_3 和 Cr_2O_3。涂层氧化后，首先在表面上生成很薄的氧化膜，如图 4-1 所示。同理，氧化膜的生长速度或者氧化膜能不能阻挡氧气进一步向涂层方向的扩散是影响涂层抗氧化能力的另外一个因素。对于氧化膜的生长，一般会遵循抛物线或者对数定律，表达式分别为：

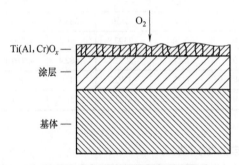

图 4-1　涂层氧化后的结构示意图

$$v = \frac{d_\xi}{d_t} = \frac{K'}{\xi} \qquad (4\text{-}5)$$

$$v = \frac{d_\xi}{d_t} = \frac{K}{e^\xi} \qquad (4\text{-}6)$$

式中　K，K'——扩散常数；

　　　　e——自然对数的底数；

　　　　ξ——氧化膜厚度。

比较式（4-5）和式（4-6）可知，氧化膜的生长符合对数定律时，其生长速度比符合抛物线定律时要小。

文献表明[121]，TiO_2 氧化膜在 400℃以上的生长符合抛物线规律，而 Al_2O_3 和 Cr_2O_3 氧化膜的形成则大致符合对数规律，可见 Al_2O_3 和 Cr_2O_3 的生长速度缓慢，能够有效阻止氧向涂层内部的扩散。

另外，Al_2O_3 和 Cr_2O_3 还能够有效阻止金属离子向外扩散，成为内部材料有效的屏蔽层，属于典型的保护型氧化膜，含这两种元素的涂层有较好的抗氧化性能。

（2）氧化膜的完整性对涂层抗氧化性能的影响

涂层氧化后所生成的氧化膜的完整性与致密性是判断涂层是否为保护型薄膜的另一主要因素。Pilling 和 Bedworth 最先提出氧化膜的完整性与致密性，并用金属与其形成的氧化物的体积比作为氧化膜致密性的判断依据，即 PBR（Pilling-Bedworth ratio，PBR）。按照定义，PBR 可以表达为：

$$PBR = \frac{V_{OX}}{V_M} \tag{4-7}$$

式中，V_{OX} 和 V_M 分别为氧化物和金属的体积。PBR<1 时，表示所生成的氧化膜不能完全覆盖表面，氧化膜不具保护性；PBR≥1 时，可形成完整致密且具有保护性的氧化膜；PBR>>1 时，体积比过大，氧化膜内应力大，易开裂和剥落。一般认为，PBR 值在 1~2 之间时，氧化膜具有保护性。

五种涂层所生成的氧化物 TiO_2、Al_2O_3 和 Cr_2O_3 的 PBR 值分别为 1.95、1.28 和 1.99[125]。从 PBR 值看，三种氧化物均为保护性薄膜，但 TiO_2 结构疏松而且内部缺陷密度高，氧离子与金属离子在其中的传质扩散能力都很强，因此不具保护性。而 Al_2O_3 与 Cr_2O_3 为致密的氧化膜，对内部材料能起到很强的保护作用。上述讨论的是单一金属的氧化特性，而对于多元涂层多金属共存的情况还要考虑元素之间的相互影响以及合金元素浓度的问题，或者归结为热力学因素与动力学因素的交互作用[126]。

通过涂层氧化反应的热力学计算和高温氧化动力学分析可以预测 TiN、TiAlN、AlTiN、CrN 和 CrAlN 五种涂层抗氧化能力的大小。氧化后生成具有双重保护性质氧化膜的 CrAlN 具有最好的氧化特性，含 Al 的另外两种三元涂层次之；氧化后生成 Cr_2O_3 氧化膜的 CrN 的抗氧化性能优于生成 TiO_2 的 TiN 涂层。

上述氧化理论是在理想情况下的分析，而在实际情况中，影响氧化的因素较多，所以分析计算的准确度还需要在后续试验中进行验证。

4.2 氮化物涂层的高温氧化试验

4.2.1 试样材料特性

本节选用 2.1 节所述阴极弧蒸发方法沉积 TiN、TiAlN、AlTiN、CrN 和 CrAlN 五种涂层材料，基体选用 16mm×16mm×4mm 的硬质合金。表 4-4 列出了高温氧化试验所用涂层的基本特性。其中，三元涂层中的下标表示除去氮含量，其他两类金属元素的原子比例。

表4-4 高温氧化试验用涂层的基本特性

涂层	相组成	特性		粗糙度/μm	基体成分
		厚度/μm	硬度（HV0.05）		
TiN	TiN:{111}{200}	2.2	2220	0.204	WC+Co
$Ti_{0.54}Al_{0.46}N$	TiAlN:{111}{200}	4	3230	0.245	WC+Co
$Al_{0.65}Ti_{0.35}N$	AlTiN:{200}	2	3170	0.225	WC+Co
CrN	CrN:{111}{200}	3.5	1680	0.203	WC+TiC+Co
$Cr_{0.36}Al_{0.64}N$	CrAlN:{111}{200}	3.3	3170	0.193	WC+TiC+Co

4.2.2 试验方案

首先使用丙酮对涂层试样进行超声清洗、干燥，将试样放入电阻炉（KSY12-16）于空气中分别加热到 400℃、500℃、600℃、700℃、800℃、900℃和 1000℃并保温 1h，空冷。

使用 X 射线衍射仪（XRD，D8 advance）对涂层的物相组成及变化进行分析；采用 SEM（JSM-6510）及与其配套的能谱分析仪 EDX 来观察试验前后涂层表面微观形貌及成分变化；最后使用 MH-6 显微硬度计测量试验前后涂层的硬度（载荷为 50g）。

4.3　氮化物涂层的高温氧化特性

4.3.1　涂层氧化后的宏观形貌及色泽变化

试样在不同温度氧化后，涂层的表面及色泽均发生相应改变，这是由于不同温度下涂层本身的形貌或者是生成新的氧化物所引起的。

表 4-5 列出了 TiN、TiAlN 和 AlTiN 三种涂层经不同温度氧化后的外观变化。

表 4-5　TiN、TiAlN 和 AlTiN 涂层在不同温度下的宏观形貌及色泽变化

温度	TiN	TiAlN	AlTiN
25℃	金黄色	紫灰色	蓝灰色
400℃	金黄色，带少量红色	紫灰色	蓝灰色
500℃	红色	紫灰色	蓝灰色
600℃	黄棕色，偶有紫色	紫灰色	蓝灰色
700℃	棕色，涂层开始脱落	紫黑色，少量灰色	紫灰色
800℃	—	黑蓝色，有小白点突起	亮紫，加土黄色突起
900℃	—	浅灰色	紫，加黄色突起
1000℃	—	灰色，涂层大面积脱落	淡绿，加黄色突起

从表 4-5 中可以看出，TiN 涂层是最先发生色泽变化的涂层，到 500℃时，颜色全部由金黄色变为红色，证明涂层的表面基本被氧化物所覆盖；到 700℃时，涂层的氧化加剧，开始脱落失效。直到 600℃，TiAlN 与 AlTiN 涂层经高温后的颜色与常温相比没有变化，证明了二者的抗氧化能力与 TiN 相比明显提高；TiAlN 涂层经 900℃高温氧化后颜色转为灰色，证明涂层表面已经完全氧化，直到 1000℃涂层大面积氧化脱落。从颜色变化上来看，AlTiN 涂层直到 900℃时变化不大，但出现了明显的氧化突起局部，1000℃时，涂层表面完全氧化为淡绿色。

表 4-6 列出了 CrN 和 CrAlN 涂层经不同温度氧化后的外观变化。到 500℃时，CrN 涂层的外观没有发生变化；直到 800℃时，涂层已经完全氧化变成紫灰色，出现脱落现象。CrAlN 涂层在温度小于 700℃时颜色无变化，证明了其优异的抗氧化性能；800℃和 900℃时，涂层颜色改变，但变化不大，说明涂层氧化不明显，直到 1000℃时 CrAlN 涂层完全氧化为黑色。

从颜色变化来看，温度是影响各涂层氧化的一个重要因素，随温度的升高，涂层表面的颜色变暗甚至脱落，说明氧化加剧，且随温度的升高颜色发生变化的程度基本能够反映出五种涂层的抗氧化能力的大小。

表4-6　CrN 和 CrAlN 涂层在不同温度下的宏观形貌及色泽变化

温度	CrN	CrAlN
25℃	银灰色	蓝灰色
400℃	银灰色	蓝灰色
500℃	银灰色	蓝灰色
600℃	银灰色，带黄色	蓝灰色
700℃	土黄色，带紫色	蓝灰色
800℃	紫灰色	黄灰色
900℃	深灰色，涂层开始脱落	深灰色
1000℃	—	黑色

4.3.2　涂层氧化产物的 XRD 分析

图 4-2 为 TiN 涂层在室温 25℃、600℃和 700℃时的 X 射线衍射图谱，从中可以看出在 600℃时，出现了 TiO_2 衍射峰，说明涂层开始氧化，但同时 TiN 涂层的衍射峰仍然较强。直到 700℃时，TiN 衍射峰完全消失，且出现了几个 TiO_2 衍射峰，且峰值较强，此时的涂层完全被氧化。除此之外，很多基体的氧化产

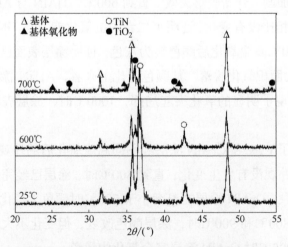

图 4-2　不同温度下 TiN 涂层的 X 射线衍射分析图谱

物出现在了图谱中，这是由于涂层在此温度氧化后部分脱落，造成了基体氧化，这一结果与表 4-5 中显示的涂层的外观形貌对应。

　　图 4-3 为 TiAlN 涂层随温度变化的 X 射线衍射图谱，与 TiN 涂层相比，TiAlN 涂层的抗氧化能力明显提高。直到 800℃，仍能检测出较强的 TiAlN 衍射峰，且没有出现 Ti 或 Al 的氧化物；900℃时，TiAlN 涂层的两衍射峰明显减弱，但涂层物相仍然存在，此温度下检测出了 TiO_2，说明涂层部分氧化。随温度升高到 1000℃，检测出了更多的 TiO_2，且衍射峰峰值变强；另外 Al_2O_3 也在此温度下检出，说明出现了结晶的 Al_2O_3，此时涂层已经完全氧化。

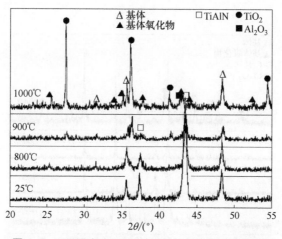

图 4-3　不同温度下 TiAlN 涂层的 X 射线衍射分析图谱

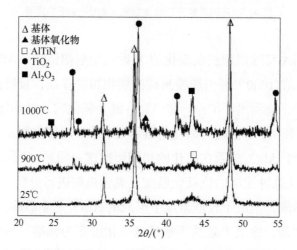

图 4-4　不同温度下 AlTiN 涂层的 X 射线衍射分析图谱

与 TiAlN 相似，对于 AlTiN 涂层，直到 900℃，涂层物相仍然存在，检测出明显的 TiO_2 和少量的 Al_2O_3；在 1000℃时，涂层物相基本消失，检测出了大量的 TiO_2 和 Al_2O_3，这是因为高温下 Al_2O_3 结晶，使其衍射峰明显增强，另外出现了基体氧化物，如图 4-4 所示。

图 4-5 为 CrN 涂层随温度变化的 X 射线衍射图谱。由图谱可以看出，CrN 涂层在 700℃时已经氧化产生了 Cr_2O_3，但由于氧化轻微，只能检测出一种晶向的 Cr_2O_3。随温度升高到 800℃，CrN 涂层物相衍射峰逐渐减弱，Cr_2O_3 衍射峰增强，900℃时涂层物相完全被 Cr_2O_3 所代替，伴随着涂层的氧化脱落，基体被氧化，涂层失效。

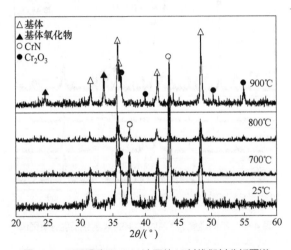

图 4-5　不同温度下 CrN 涂层的 X 射线衍射分析图谱

图 4-6 为 CrAlN 涂层随温度变化的 X 射线衍射图谱。CrAlN 涂层具有最强的抗氧化性能，在 1000℃时仍能检测到涂层物相的存在，且峰值仍然较强。同时，在此温度下，检测出了 Cr_2O_3 和 Al_2O_3 混合氧化物，说明涂层部分被氧化，但生成的 Cr_2O_3 和 Al_2O_3 会阻碍氧化的继续进行，对内部涂层及基体起到了很好的保护作用。对于 Al_2O_3 是否在氧化的初期形成这一问题，不同的文献报道的结论不同[127,128]。从几种涂层的抗氧化温度及氧化机制进行分析，认为 Al_2O_3 在氧化的初期已经形成，但由于较低温度下形成的 Al_2O_3 是非晶体，难以检测。

需要指出的是，涂层失效的判断是以氧化脱落为标准。另外，在较低温度下，由于各涂层的氧化轻微，氧化物含量较少，难以检测，因此不能在 XRD 衍射图谱中反映和标识。

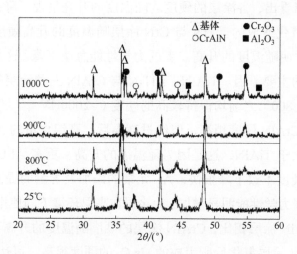

图 4-6　不同温度下 CrAlN 涂层的 X 射线衍射分析图谱

4.3.3　氮化物涂层氧化后的硬度

涂层的氧化会影响其使用性能，特别是硬度。为了分析涂层在高温下的力学性能，对涂层高温氧化后的硬度进行了测量，如图 4-7 所示。

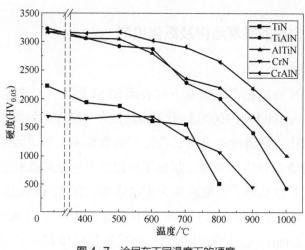

图 4-7　涂层在不同温度下的硬度

氧化层的厚度会对涂层的硬度测量带来一定的影响，且氧化层的厚度会随温度的升高而增大，但测量出的硬度值正好反映的是一种综合硬度值。从图 4-7 中可以看出，各涂层的硬度均随温度的升高呈现下降的趋势，这是由于涂层的逐步氧化造成的。TiN 与 CrN 涂层随温度的升高硬度呈现大体直线下降的趋势，说明随温度的升高二者的力学性能急速下降，这是二者不能在较高温度下使用的主要原因。TiAlN、AlTiN 与 CrAlN 三种涂层的硬度随温度的升高下降缓慢，800℃之前均保持较高的硬度（>2000HV）。尽管常温下 TiAlN 要比 AlTiN 和 CrAlN 硬度稍高，但经过高温后，高铝含量的 AlTiN 和 CrAlN 涂层的硬度要大于 TiAlN，这是因为随温度的升高，更多 Al_2O_3 的生成使得涂层在高温下的硬度不致下降很快，Al 元素的添加及含量的提高会使涂层的抗氧化能力及高温力学性能明显增加，为涂层在高温环境下的使用提供了有利条件。另外，与 AlTiN 涂层相比，CrAlN 涂层的硬度随温度的升高下降较慢，这可能是由于 CrAlN 涂层氧化后所生成的 Cr_2O_3 的硬度很高，可达 30GPa[129,130]的原因造成的。

随着氧化层厚度的增加，涂层表面产生裂纹，各涂层在一定温度后硬度不能测量。

4.4　氮化物涂层氧化后的微观结构及氧化机制分析

4.4.1　涂层氧化后的微观结构及氧化机制

（1）TiN 涂层

图 4-8 为 TiN 涂层在不同温度下的表面 SEM 形貌。与常温 25℃下的形貌相比，TiN 涂层从 500℃到 700℃经历了晶粒长大、出现微裂纹和涂层剥落的变化过程。可以看出，随温度的升高，在涂层的表面不能形成致密、连续的防护性保护膜。伴随着晶粒边界变宽，氧原子可以沿着松弛的晶粒边界垂直向涂层内部扩散，氧的扩散从原子扩散转变为大量移动，Ti 与 O 反应剧烈生成 TiO_2 氧化膜，导致薄膜抗氧化性降低。另外，TiN 的摩尔体积为 11.4cm³/mol，而 TiO_2 的摩尔体积为 18.8cm³/mol[131]，因此 TiN 涂层氧化后体积膨胀，生长应力增大，导致 TiO_2 氧化膜的开裂或剥落，涂层失效。

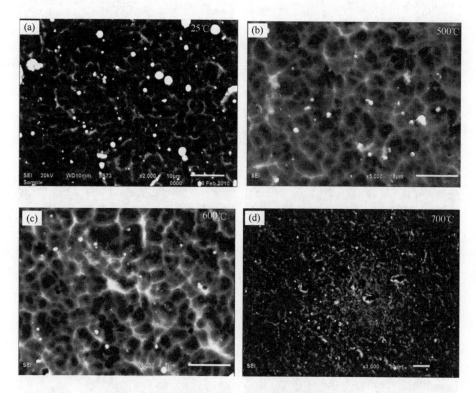

图 4-8　不同温度下 TiN 涂层的 SEM 照片

（2）TiAlN 涂层

对于 TiAlN 涂层，直到 700℃涂层表面仍保持平整，如图 4-9 所示，表明涂层抗氧化能力明显提高；800℃时涂层表面变得粗糙，开始出现地图状的氧化物，而 900℃时出现明显的簇状生长的氧化物颗粒，且簇与簇之间存在具有层次感的微裂纹。TiAlN 涂层优良的抗氧化能力与其中的 Al 元素密切相关，与 TiN 涂层相比，Al 的加入使得涂层在较高温度下仍能保持表面平整。由涂层氧化后的 XRD 图谱（图 4-3 ）可以看出，TiAlN 涂层氧化后生成 TiO_2 和 Al_2O_3，二者的混合氧化物对氧向涂层内部的扩散起到了阻碍作用，能够延缓涂层的进一步氧化，从而提高涂层的抗氧化性能。随着温度的升高，TiO_2 和 Al_2O_3 氧化物颗粒长大，表面粗糙度明显增大，之后产生的微裂纹会加速氧化过程，直至涂层完全失效。

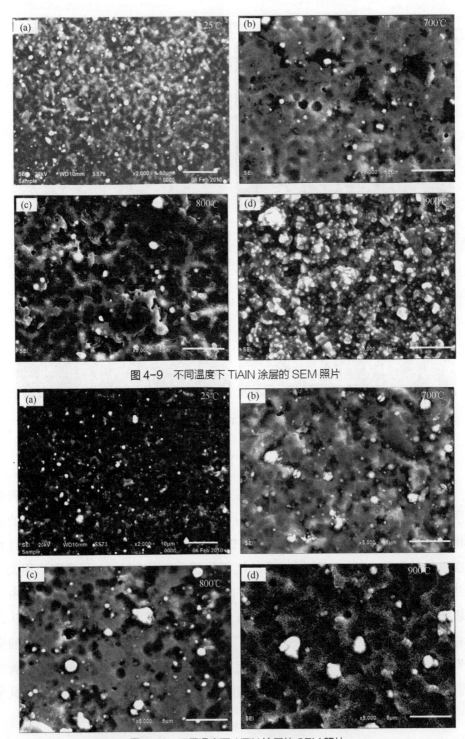

图 4-9　不同温度下 TiAlN 涂层的 SEM 照片

图 4-10　不同温度下 AlTiN 涂层的 SEM 照片

（3）AlTiN 涂层

图 4-10 为高铝含量的 AlTiN 涂层经高温氧化后的 SEM 照片。直到 800℃ 涂层表面依然保持较为平整且致密，涂层表面除存在"液滴"氧化后的大颗粒，未发现明显的氧化现象。与 TiAlN 涂层相比，900℃涂层表面出现的氧化颗粒较为细小，之间的晶界不明显，阻碍了氧化的进行，说明 Al 含量的增加能够提高涂层的抗氧化性能，这与 AlTiN 涂层高温氧化后 XRD 图谱的对比分析结果一致。

（4）CrN 涂层

图 4-11 为 CrN 涂层在不同温度下的表面 SEM 照片。与 Ti 基类涂层相比，CrN 涂层的表面在 500℃时出现了明显的微孔,且同时出现了较为规则的块状结晶。直到 700℃时，出现明显的裂纹，涂层氧化加剧。

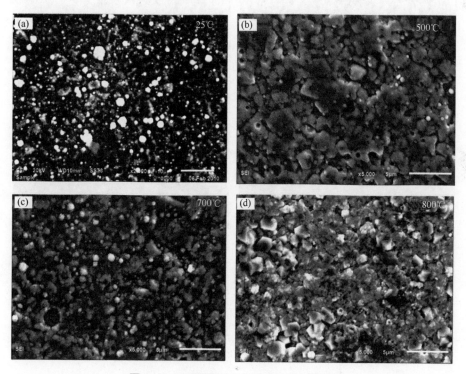

图 4-11　不同温度下 CrN 涂层的 SEM 照片

由图 4-11（d）可以看出，800℃时，在孔的周围 Cr_2O_3 晶粒明显长大，表面粗糙度增加，且氧化后的涂层在此处开裂明显，因此可以判定 CrN 氧化是由涂层上的气孔诱发的，涂层最先在微孔处开裂剥落，继而氧气与新鲜涂层接触，氧化继续进行，直至破坏。

（5）CrAlN 涂层

由图 4-12 可以看出，直到 900℃时 CrAlN 涂层表面才出现了少量的须状氧化物和微孔，涂层表面依然保持平整；1000℃时，涂层上出现了白色氧化晶粒，但涂层依然完整。由图 4-6 CrAlN 涂层氧化后的 XRD 分析可以发现，高温下 CrAlN 涂层氧化产生 Cr_2O_3 和 Al_2O_3 的混合氧化物，它比单一的 Cr_2O_3 或 Al_2O_3 结构更加致密，可以闭合部分 N 原子与 Cr 离子扩散形成的微孔，成为外部氧扩散进入的有效阻挡层，有效地缓解了 CrAlN 相的分解和氧化的进行。因此，CrAlN 在几种涂层中有着最强抗氧化性能。

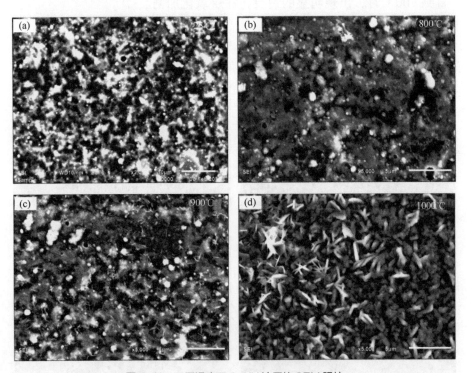

图 4-12　不同温度下 CrAlN 涂层的 SEM 照片

4.4.2　Al 对涂层抗氧化性能及氧化机制的影响

图 4-13 为五种涂层经高温氧化后表面含氧量的原子百分比变化情况。可以

看出，三种三元涂层即添加 Al 元素的涂层要比不含 Al 的涂层在相同温度下的氧含量低很多，证明 Al 元素的添加能够提高涂层的抗氧化能力。

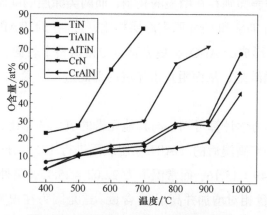

图 4-13　各涂层在不同温度下氧含量的变化

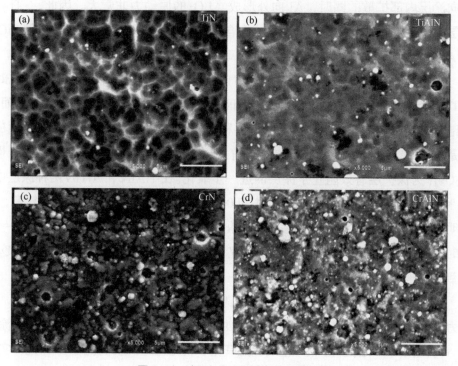

图 4-14　涂层在 600℃时的 SEM 照片

很多研究发现，含 Al 的涂层在氧化过程中形成的非晶态的 Al_2O_3 表层阻止了涂层的深层氧化[132,133]，从而提高了其抗氧化性能。图 4-14 为 TiN、TiAlN、CrN 和 CrAlN 涂层经 600℃氧化后的表面形貌照片。由照片看，TiN 涂层的晶界明显，CrN 涂层的表面则存在明显的孔洞，而两类涂层的缺陷随着 Al 元素的加入消失或减弱。与 TiN 和 CrN 两类涂层相比，含 Al 的 TiAlN 和 CrAlN 涂层氧化层组织致密，所形成的 Al_2O_3 会更完整直至覆盖整个表面，在忽略热应力的情况下可以闭合表面缺陷，从而阻止了涂层内部的进一步氧化，如图 4-14(b)、(d) 所示。

经 4.1 节的热力学计算可知，与其他元素的氧化物相比，Al_2O_3 更易生成且稳定。通过对 800℃高温后的 TiAlN 涂层表面进行 EDX 分析可以发现，Al 和 Ti 的原子比为 17.49：15.16，而常温下为 22.02：25.45，两种情况相比，高温下涂层表面的 Al 含量相对增加并高于 Ti 含量。这是因为在很宽的温度范围内，O 原子对 Al 原子有很强的亲和力，形成 Al_2O_3 的吉布斯自由能非常低，随着 O 原子向涂层内部扩散的同时，Al 向外形成 Al_2O_3 的原动力非常大。因此， TiAlN 涂层的氧化机制是在氧化过程中形成富含 Al 的外层 Al_2O_3 和富含 Ti 的内层 TiO_2，且 Al_2O_3 要比 TiO_2 致密[131]，因此其抗氧化性能得到了很大的提高。

在图 4-13 中，比较 TiAlN 和 AlTiN 两种涂层发现，温度低于 800℃时，AlTiN 涂层中含氧量要稍高于 TiAlN，证明了 Al 原子与 O 原子的亲和力，而温度继续升高时，AlTiN 涂层中含氧量要稍低于 TiAlN。说明尽管 Al_2O_3 易生成，但是根据动力学分析，Al_2O_3 的生长符合对数规律，氧在其内部的扩散缓慢，Al_2O_3 作为保护层有效阻止了涂层的进一步氧化。在 TiAlN 和 AlTiN 两种涂层中，Al 和 Ti 的原子比分别为 0.46：0.54 和 0.65：0.35，AlTiN 涂层 Al 含量较高，这说明提高 Al 含量能够提高涂层的抗氧化能力。但 Al 含量不能过高，超过一定值时其抗氧化能力反而降低[134]。有研究认为，当 Al 含量小于 0.7 时，含量越高抗氧化性能越好[135]，本研究与其结论一致。

对于涂层的最终失效，可以从氧化反应的热力学和动力学两方面进行解释。从热力学角度讲，由于生成 Al_2O_3 的标准自由能最低，氧化时优先生成，但是当涂层中 Al 含量小于一定值时，很难继续优先氧化形成完整的 Al_2O_3 保护膜。因此在实际的氧化过程中，热力学因素不是影响氧化物生成的唯一因素，起作用的还有元素的浓度及高温下动力学的因素。

三元涂层 TiAlN 和 AlTiN 氧化后形成的是 Al_2O_3 和 TiO_2 的混合氧化膜，CrAlN

涂层则生成 Al_2O_3 和 Cr_2O_3 的混合氧化膜。氧化的最初阶段，热力学因素为主导，Al_2O_3 首先在表面形成，随着其生长必定造成相邻内侧区域的富 Ti 或 Cr，于是成分因素使得 TiO_2 或 Cr_2O_3 开始生长，其动力学优势明显，接着氧化膜的大部分逐渐被 TiO_2 或 Cr_2O_3 占据。随着 TiO_2 或 Cr_2O_3 的迅速生长，Ti 离子或 Cr 离子的快速迁移又会使得内侧 Al 浓度上升，Al_2O_3 的热力学优势又得以发挥。氧化过程就是在如此循环交替中不断向基体内部推进，不断剥落与再生长，直至涂层失效[126]。

4.4.3　Ti 基与 Cr 基涂层的高温氧化性能及氧化机制对比研究

图 4-13 中，对比二元涂层 CrN 和 TiN，对比三元涂层的 TiAlN、AlTiN 和 CrAlN，可以发现在相同温度下 Cr 基涂层的抗氧化性能要优于 Ti 基涂层，通过 4.3.2 节涂层氧化产物的 XRD 分析也可以判定 Cr 基涂层的抗氧化温度要大于 Ti 基涂层。

对于两大类涂层在抗氧化性能方面的差异，可以从涂层微观结构的角度来进行解释。由图 2-7 涂层自然断面 SEM 照片可以发现，Ti 基三类涂层 TiAlN、TiAlN 和 AlTiN 整体呈现一种柱状晶结构，尽管这种结构会随着 Al 的加入和含量的升高而减弱，但是在高温氧化的过程中氧原子会沿着松弛的柱状晶粒边界垂直向涂层内部扩散，氧的进入相对较易，因此涂层易氧化。同时也可以看到 CrN 和 CrAlN 涂层在基体表面随机非柱状生长，晶粒生长不具一致性，因此氧化的过程较为缓慢[124]，这是 Cr 基涂层的抗氧化性能要优于 Ti 基涂层的重要原因。

通过分析氧化机制，Ti 基涂层与 Cr 基涂层同样存在较大的区别。为了排除 Al 元素的影响，仅对 TiN 与 CrN 两类涂层进行分析对比。由图 4-14（a）、（c）可以看出，经高温氧化后，TiN 与 CrN 涂层表面存在明显的差异。两涂层分别与各自的常温微观形貌相比发现，TiN 氧化表面的晶界明显变宽，继而发展为微裂纹。而 CrN 涂层的氧化表面则出现了很多的微孔，且随温度的升高，微孔处首先氧化，或者说微孔诱导了涂层氧化失效。

TiN 涂层氧化后生成 TiO_2，但此时形成的氧化层并不致密，摩尔体积较大，这是其晶界变宽的主要原因。因此在多氧的环境下，O 原子通过疏松的氧化膜 TiO_2 向内扩散比较容易，同时 N 原子向外流失，可以说 Ti 基涂层在氧化过程中很大程度受 O 和 N 扩散的控制。随着氧化层的形成,沿着晶粒边界扩散加剧。另外,TiO_2 中 Ti 的自扩散速率较大,最终在基体表层 Ti 与 O 反应剧烈而生成 TiO_2 氧化膜[136]。

CrN 涂层氧化过程中有气孔的形成,除了部分在涂层沉积过程中形成的以外,Barshilia 等[68]和 Lee 等[137]获得的较为一致的结论为微孔是在热能的作用下由 N 原子和 Cr 离子向涂层的表面扩散所致,或者说 CrN 涂层的氧化受 Cr 元素向外扩散控制。高温下,在每一个 CrN 晶粒外面氧化形成 Cr_2O_3 层[138],而 Cr_2O_3 属于多晶体,加剧了 Cr 离子沿晶界向外扩散,当 Cr_2O_3 增加到一定程度时涂层破坏。

Al 元素的加入所形成的 TiAlN、AlTiN 和 CrAlN 三元涂层中 CrAlN 的抗氧化能力最强。AlTiN 和 CrAlN 均属于高 Al 含量的涂层,Al 含量的增加有利于提高其抗氧化性能,从这方面来讲 AlTiN 和 CrAlN 涂层的抗氧化温度要高于 TiAlN 涂层,这与 4.3.2 节所获得的结果一致。与 AlTiN 相比,CrAlN 涂层的高温性能更好。据报道,Al 在 CrN 中的溶解度要大于其在 TiN 中的溶解度,即随着 Al 含量的增加,CrAlN 更能保持四方晶体结构,而 AlTiN 则更易转化为六方晶体,四方晶体比六方晶体在高温下更能保持稳定性。这是 CrAlN 涂层具有最优抗氧化性能的一个很重要的原因。另外,CrAlN 在氧化的初期就形成了 Al_2O_3[135],进一步氧化时所形成的 Cr_2O_3 和 Al_2O_3 的吉布斯自由能变化值在很宽的温度范围内都很低,高温下更易形成,并且混合氧化膜会更加致密,自身生长的速度缓慢,形成了连续的防护性保护膜,有效地保护了内部涂层,阻止了氧化的进行。

本章小结

本章主要分理论和试验两部分对 TiN、TiAlN、AlTiN、CrN 和 CrAlN 五种涂层的高温氧化特性进行了研究,主要的研究结果包括:

① 对涂层的高温氧化反应从热力学和动力学角度进行了计算分析。高温下,生成 Al_2O_3 的热力学推动力最大,优先生成,而 Cr_2O_3 最小。Al_2O_3 和 Cr_2O_3 氧化膜的生长缓慢且致密,属保护性薄膜,TiO_2 生长速度较快且结构疏松,因此不具保护性。另外,涂层氧化的过程受热力学和动力学因素的共同交互作用。

② 通过氧化试验后涂层的色泽变化、宏观形貌以及氧化产物的 XRD 分析结果可以看

出，五种涂层的抗氧化能力为 CrAlN> AlTiN> TiAlN>CrN>TiN。

③ Al 元素的加入能够提高涂层的抗氧化能力，这是因为在氧化过程中形成的非晶态、致密且生长缓慢的 Al_2O_3 表层能够阻止涂层的深层氧化。且随 Al 含量的增加，CrAlN 和 AlTiN 两涂层的抗氧化性能提高，高温下含氧量较低且能够保持较高的硬度。

④ 对比 Ti 基和 Cr 基涂层发现，相同温度下 Cr 基涂层的抗氧化性能要优于 Ti 基涂层。造成这一现象的原因除了所生成的 Cr_2O_3 比 TiO_2 结构致密外，涂层的结构不同是另外的因素。Ti 基涂层呈现一种柱状晶结构，氧沿着松弛的柱状晶粒边界垂直向涂层内部扩散相对较易，氧化过程很大程度上受氧向涂层内部扩散的控制。Cr 基涂层晶体结构为随机非柱状生长，晶粒生长的不一致性使得氧化的进程较为缓慢。

第 **5** 章
PVD氮化物涂层的高温摩擦磨损特性

本章将利用摩擦试验装置对 TiN、TiAlN、AlTiN、CrN 和 CrAlN 五种氮化物涂层进行高温摩擦磨损试验研究，主要分析温度、摩擦速度及载荷对涂层高温摩擦特性的影响，以明确各涂层在高温下的最佳使用工况。分析涂层成分对涂层高温摩擦磨损特性的影响，包括 Ti 基与 Cr 基涂层的对比以及 Al 元素及其含量对 PVD 氮化物涂层高温摩擦磨损特性的影响。

5.1　高温摩擦磨损试验方法及试验材料

5.1.1　摩擦副的确定及材料的基本特性

研究所选用的五种氮化物涂层均属硬质材料，为耐磨涂层，使用过程中多为高应力接触，因此在摩擦试验中选用对磨材料点接触，用球-盘摩擦形式实现。五种涂层沉积在直径 55mm、厚度 5mm 的硬质合金 YG6 摩擦盘上，高温摩擦试验中需要使用中心孔对摩擦盘进行定位，其直径为 6.4mm。图 5-1 给出了五种涂层材料的摩擦盘的实物照片，表 5-1 列出了所用涂层材料的基本特性。

表 5-1　高温摩擦磨损试验用涂层的基本特性

涂层	成分/at%				相组成	特性			粗糙度/μm
	Ti	Al	Cr	N		厚度/μm	硬度[HV$_{0.05}$]		
TiN	46.91	—	—	53.09	{111}{200}	1.4	2240		0.204
TiAlN	27.05	21.34	—	51.61	{111}{200}	1.3	3250		0.245
AlTiN	17.00	31.80	—	51.20	{200}	1.3	3140		0.225
CrN	—	—	45.35	54.65	{111}{200}	1.4	1680		0.202
CrAlN	—	28.4	14.64	56.96	{111}{200}	1.8	3160		0.193

球-盘接触的摩擦试验中，文献多选用 Al$_2$O$_3$ 球作为对磨材料[99,139,140]，因其具有高硬度、高耐磨性和良好的高温化学惰性，在高温下更能保持其性能。但 Al$_2$O$_3$ 球中含有 Al 元素，这与本研究中含 Al 的涂层元素重复，从而增加了外来因素对试验结果的干扰作用，使试验分析具有难度。另外 Si$_3$N$_4$ 球虽然较为常

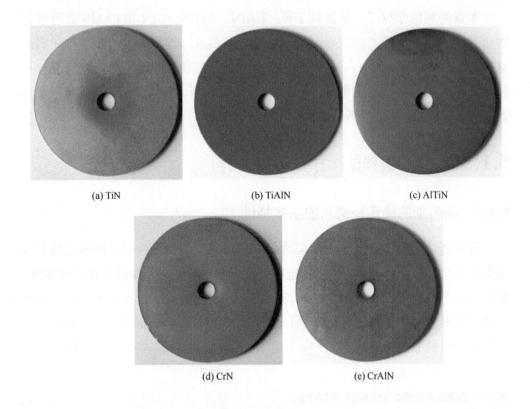

(a) TiN　　　　　　　　(b) TiAlN　　　　　　　　(c) AlTiN

(d) CrN　　　　　　　　(e) CrAlN

图 5-1　摩擦盘实物照片

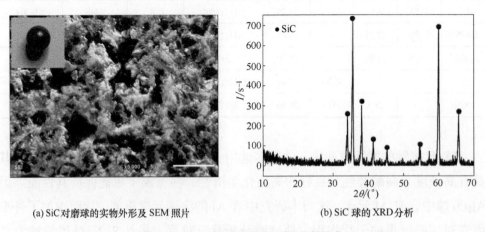

(a) SiC 对磨球的实物外形及 SEM 照片　　　　　　(b) SiC 球的 XRD 分析

图 5-2　SiC 对磨球的微观形貌及物相组成

用，但是与研究的涂层相比其硬度较低，磨损严重，且耐高温性较差。综合上述原因，最终选用 SiC 球作为对磨材料，其硬度高于 2100HV，高温性能较好，因此更容易在涂层材料表面形成有效的摩擦损伤，易于检测。本试验所用 SiC 对磨球的实物外形和微观形貌照片及物相组成分别如图 5-2（a）、（b）所示，其尺寸和主要性能如表 5-2 所示。

表 5-2　SiC 球的尺寸及主要性能（来源：上海材料研究所）

直径 /mm	密度 ρ /（g/cm³）	硬度 （HV） /GPa	断裂韧性 K_{IC} /MPa·m½	导热系数 /［W/（m·℃）］	比热容 ［J/（kg·K）］	弹性模量 E/GPa	泊松比
9.525	3.10	≥2100	3.0~5.0	150	344	≥350	0.2

5.1.2　试验装置及试验方案

摩擦试验在 CETR UMT-2 高温摩擦磨损试验机上进行，设备的相关工作原理及主要的技术参数在文献中有详细的叙述[141]。试验过程中，摩擦盘通过特制螺栓固定在主轴上，随主轴做旋转运动，其转速可调；摩擦球装在特制夹具中，可以进行水平、竖直运动，能够实现摩擦半径的调整，且可以进行正压力的加载。二者组成的摩擦副相对运动从而进行摩擦试验，高温摩擦试验在设备提供的高温加热室中进行。试验过程中的摩擦系数 f 可由计算机根据摩擦试验机中力传感器获得的瞬间载荷 P 和摩擦力 F 进行实时显示。

表 5-3 列出了摩擦试验的试验参数。其中，根据第 4 章获得的各涂层高温氧化特性，确定了各涂层的最高试验温度。与其他涂层相比，CrN 涂层的硬度较低，其摩擦次数相应减小。

表 5-3　涂层高温摩擦磨损试验参数

涂层	TiN	TiAlN	AlTiN	CrN	CrAlN
温度/℃	200~600	200~700	200~700	200~600	200~700
滑动速度/（m/min）	40~120	40~120	40~120	40~120	40~120
载荷/N	5,10,15	5,10,15	5,10,15	5,10,15	5,10,15
摩擦次数/次	2000	2000	2000	500	2000

5.1.3　试验结果的检测

摩擦试验结束后，使用 Veeco NT9300 白光干涉仪检测磨痕的三维形貌，记录磨痕的二维轮廓曲线。

利用扫描电子显微镜（SEM，型号：JSM-6510）观察磨痕的微观形貌，并使用配套的能谱仪（EDX）对磨痕局部区域和对磨球磨斑元素分布和转移情况进行检测，以便为后续的磨损机理研究工作提供指导。

5.2　TiN、TiAlN 和 AlTiN 涂层的高温摩擦磨损特性

5.2.1　TiN、TiAlN 和 AlTiN 涂层的高温摩擦系数

（1）温度对高温摩擦系数的影响

图 5-3 显示了温度在 200~700℃范围内 TiN、TiAlN 和 AlTiN 三种涂层的摩擦系数随摩擦次数的变化。三种涂层的摩擦过程都经历了跑合和稳定两个阶段。跑合阶段的摩擦系数快速上升，这是由于摩擦副接触的初期表面的微凸体使得摩擦阻力急剧上升造成的。随摩擦的进行，接触表面逐渐光滑且涂层的逐渐氧化所产生的氧化物有利于摩擦，摩擦系数开始缓慢下降。当整个摩擦系统达到平衡时，摩擦进入稳定阶段。TiN 涂层的跑合阶段很短，由第 4 章可知，这是由于其抗氧化温度较低，过早氧化使摩擦较快进入平衡。当温度小于 400℃时，TiN 涂层稳定摩擦阶段的摩擦系数随温度的升高而升高，且在 400℃时摩擦系数波动较大。在高温 600℃时，摩擦系数反而下降且数值相对平稳，这一现象是由氧化生成的 TiO_2 起到了润滑的作用造成的。700℃时由于 TiN 涂层完全氧化试验没有进行。在各温度下，TiAlN 涂层大约经 100 次摩擦循环后进入稳定阶段，且摩擦系数随温度的升高逐渐下降，这是由于随温度的升高涂层的氧化或高温下的塑性变形成为摩擦的有利因素。但温度高于 600℃时，整个摩擦系统的不稳定性造成了摩擦系数的波动。相比其他两类涂层，AlTiN 涂层跑合阶段的循环次数最多，这可能是由涂层较高的抗氧化能力引起的，这也从侧面验证了跑合阶段的长短与涂层的抗氧化性能有密切的关系。AlTiN 涂层稳定阶段的摩擦系数随温度的升高而逐渐下降，且波动相对较小，表明摩擦副之间较为稳定。

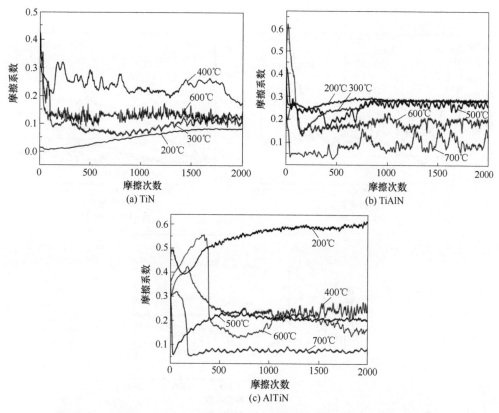

图 5-3　不同温度下 TiN、TiAlN 和 AlTiN 涂层摩擦系数的变化（10N，100m/min）

（2）速度对高温摩擦系数的影响

涂层的氧化是影响高温摩擦的重要因素[98,101,142]，如果要正确地考察试验参数对涂层高温摩擦特性的影响，试验温度要低于涂层的氧化温度。鉴于几种涂层的抗氧化温度不同，选择在 400℃下对 TiN 涂层进行变速度和变载荷的研究，而 TiAlN 和 AlTiN 的试验温度定为 600℃。图 5-4 给出了高温下涂层的摩擦系数随速度的变化曲线。三种涂层在高速和低速下的摩擦系数均有明显不同，高速下的数值均低于低速，这是因为高速下摩擦副的氧化使磨损加剧，所产生的磨屑参与摩擦使得摩擦系数下降。

（3）载荷对高温摩擦系数的影响

由图 5-5 可以看出，在 400℃试验温度下，TiN 涂层的摩擦系数大小随载荷变化的规律不明显，但在高载下的摩擦系数相对稳定，波动小，这是因为高载

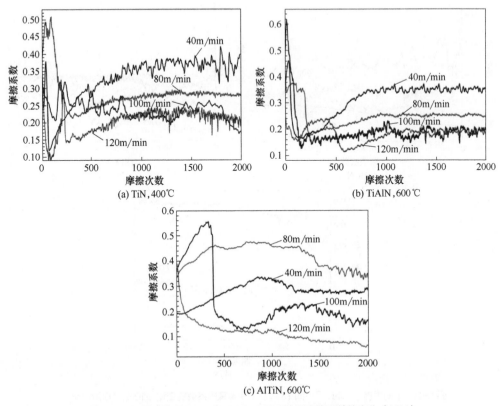

图 5-4　不同速度下 TiN、TiAlN 和 AlTiN 涂层摩擦系数的变化（10N）

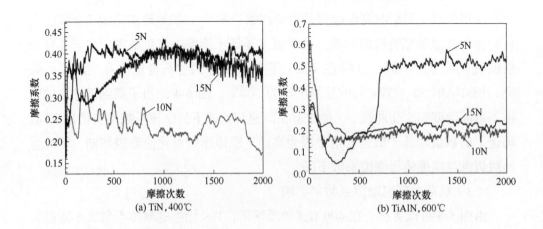

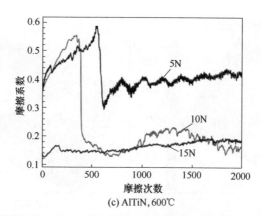

(c) AlTiN，600℃

图 5-5　不同载荷下 TiN、TiAlN 和 AlTiN 涂层摩擦系数的变化（100m/min）

下磨屑被压实，由磨屑引起的不稳定因素减少。TiAlN 与 AlTiN 涂层的摩擦系数均为高载明显低于低载，且高载下稳定性好。另外，载荷越小，跑合阶段越长，这也说明了除氧化作用外，磨屑在力的作用下能否被压实对涂层的摩擦特性有很大的影响。

5.2.2　TiN、TiAlN 和 AlTiN 涂层高温磨损表面形貌研究

为了更加深入地对涂层的高温摩擦特性进行分析，使用白光干涉仪对涂层磨痕表面三维形貌和二维轮廓曲线进行了检测。

（1）TiN 涂层

图 5-6 是由白光干涉仪测得在相同的速度和载荷下温度变化时 TiN 涂层磨损表面的三维磨损形貌。可以看出，在 200℃和 300℃时磨痕较浅；随温度的升高，磨痕越来越明显，600℃时磨痕变宽变深，且磨痕上出现了明显的沟槽，这是由于摩擦过程中的涂层氧化和涂层的塑性变形引起的。

图 5-7 给出了不同温度下磨痕的二维轮廓曲线，在 300℃、400℃和 600℃时，磨痕的最大深度约为 0.15μm、1.2μm 和 2.2μm，且磨痕随温度的增加明显变宽。通过与涂层的厚度比较发现，在 600℃时最大磨损深度大于 1.4μm，涂层被磨穿。另外，在低温 300℃时磨痕轮廓光滑，而高温下产生了粗糙的犁沟，这是由于涂层低温下能保持相应的硬度，相当于稳定的抛光磨损，而高温下对磨

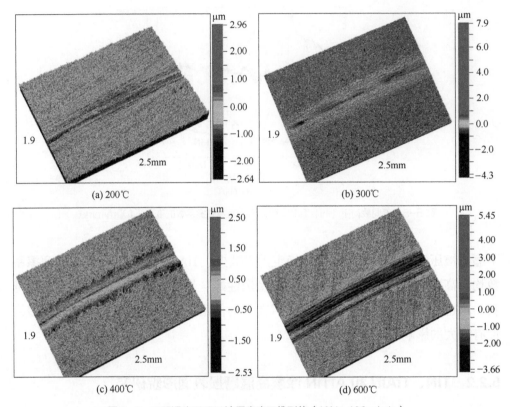

(a) 200℃

(b) 300℃

(c) 400℃

(d) 600℃

图 5-6 不同温度下 TiN 涂层磨痕三维形貌（10N，100m/min）

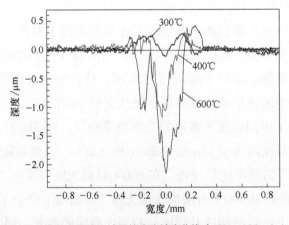

图 5-7 不同温度下 TiN 涂层的磨痕轮廓曲线（10N，100m/min）

球作用于氧化或者软化的涂层形成了较为粗糙的磨痕。这与图 5-4（a）给出的摩擦系数的变化规律一致。此外，各温度下磨痕两侧均有明显的材料堆积现象，分析认为这种现象的产生一方面是由于排出的磨屑在高温作用下聚集黏着在磨痕两侧，另一方面是在高温高压下，材料表面有一定的塑性流动[141]。

图 5-8 给出了 400℃时 TiN 涂层在不同速度和不同载荷下的磨痕轮廓曲线。随速度的增加，磨痕变宽变深，磨损量明显增加。与速度的影响规律相似，载荷增加时涂层的磨损增加，且随载荷的增加磨痕变得更为光滑，这是因为高载下磨屑被压实，磨痕的粗糙度降低。

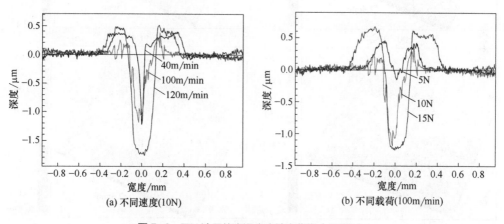

(a) 不同速度(10N)　　　　　　　　　(b) 不同载荷(100m/min)

图 5-8　TiN 涂层的高温磨痕轮廓曲线（400℃）

由以上分析可知，在高温下，随速度和载荷的增大，TiN 涂层的磨损量明显增加，说明其不适应高温高速高载的摩擦环境。

（2）TiAlN 涂层

图 5-9 给出了 TiAlN 涂层在不同温度下的三维磨痕形貌。在 200℃时，磨痕表面与未摩擦的涂层相比几乎没有变化，说明在低温下涂层的磨损轻微。随温度的升高，涂层的磨损量增加。但温度为 700℃时，涂层的磨损反而不能检测，只能观测到磨损表面的磨屑黏着现象，这说明在此温度下涂层的耐磨性增加或对磨球的材料向涂层的摩擦表面发生了转移。

由图 5-10 TiAlN 涂层在不同温度下的二维轮廓曲线可以看出，400℃和

600℃试验环境下，涂层的最大磨痕深度分别为 0.3μm 和 1.2μm 左右，且整个磨痕相对光滑，相当于抛光磨损的机制，说明涂层在高温下仍能保持相对较高的硬度。

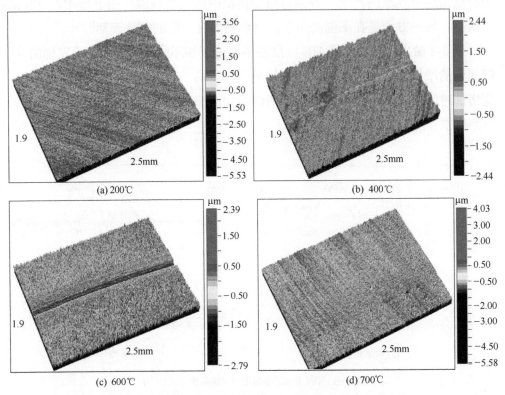

(a) 200℃   (b) 400℃   (c) 600℃   (d) 700℃

图 5-9　不同温度下 TiAlN 涂层磨痕三维形貌（10N，100m/min）

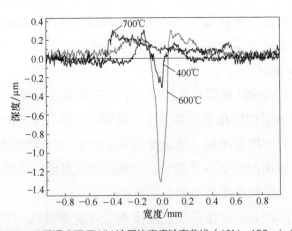

图 5-10　不同温度下 TiAlN 涂层的磨痕轮廓曲线（10N，100m/min）

而在 700℃时磨痕的轮廓曲线高于未磨损表面，磨屑黏着在磨痕表面使得涂层的磨损量不能检测，出现负磨损现象。

图 5-11 表示 TiAlN 在 600℃，载荷为 10N，速度分别为 40m/min 和 120m/min 时的磨痕轮廓曲线。可以看出，对应的最大磨痕深度分别为 1.3μm 和 0.1μm 左右，二者相差较大，TiAlN 涂层在高温高速下耐磨性远远高于高温低速，表明 TiAlN 涂层在高速下具有优良的摩擦特性。另外磨痕在 40m/min 时存在明显的犁沟，表明对磨球对涂层的切削作用明显，并造成了摩擦系数的波动，如图 5-4 所示。

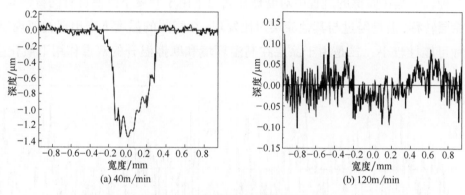

(a) 40m/min　　　　　　　　　　(b) 120m/min

图 5-11　不同速度下 TiAlN 涂层的磨痕轮廓曲线（600℃，10N）

载荷对 TiAlN 涂层的高温摩擦特性也具有很大的影响。图 5-12 表示了 600℃，5N，100m/min 试验条件下的磨痕形貌，可以看出在低载下磨痕表面存在明显的材料黏着，磨痕表面高于未被摩擦表面，表明 TiAlN 在低载下的磨损

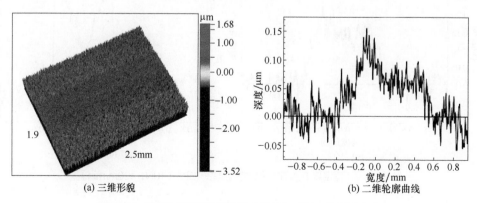

(a) 三维形貌　　　　　　　　　　(b) 二维轮廓曲线

图 5-12　TiAlN 涂层的磨痕表面（600℃，5N，100m/min）

轻微，磨损量不能检测。而在此温度下，载荷分别为 10N 和 15N 时其最大磨痕深度分别为 1.2μm 和 1.6μm，磨损量随载荷的增加而升高。

由以上分析可以看出，TiAlN 涂层在高温高速低载下具有较好的摩擦特性。

（3）AlTiN 涂层

图 5-13 为 AlTiN 涂层在不同温度下的磨痕轮廓曲线。可以看出在低温 200℃和 400℃时，磨痕表面轮廓与未摩擦的表面相比变化不大，说明 AlTiN 涂层在低温下磨损较小。当温度高于 500℃时，磨痕轮廓发生了很大的改变，即摩擦表面整体高于未摩擦表面，而中心区域磨损高度降低。发生这种现象的原因有两种，一是在摩擦的过程中对磨球在高温下由于硬度下降使自身的材料向对磨涂层转移，但是经过与其他涂层对比发现，在相同的温度下未出现类似现象，这种可能性较小；二是由于涂层在高温环境和摩擦温升的双重作用下氧化生

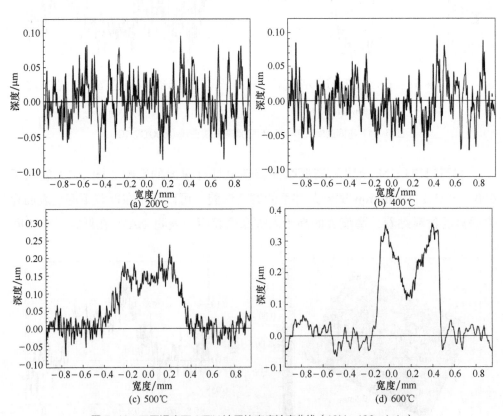

(a) 200℃

(b) 400℃

(c) 500℃

(d) 600℃

图 5-13　不同温度下 AlTiN 涂层的磨痕轮廓曲线（10N，100m/min）

成 Al₂O₃使得涂层的耐磨性增加，磨损仅发生在对磨球上，且磨屑向涂层转移，使得磨损表面的高度反而增加。

与以上讨论的情况类似，当在 600℃环境下研究速度和载荷对涂层磨损表面影响时发现，在任何试验条件下所获得的磨痕轮廓均高于未磨损涂层表面，见图 5-14。这更加证明了 AlTiN 涂层在高温下具有良好的耐磨性能，高温下的负磨损是由于涂层的耐磨性能增加造成的。

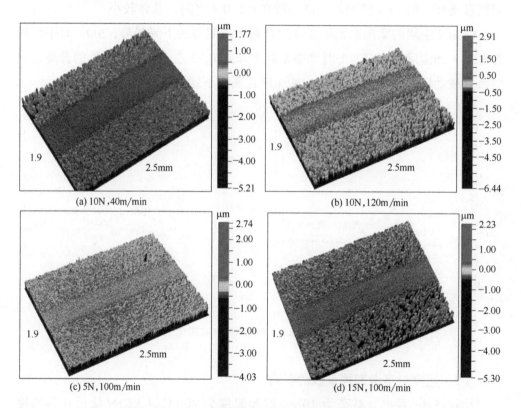

(a) 10N,40m/min　　(b) 10N,120m/min

(c) 5N,100m/min　　(d) 15N,100m/min

图 5-14　AlTiN 涂层在高温下的磨痕三维形貌（600℃）

5.3　CrN 和 CrAlN 涂层的高温摩擦磨损特性

5.3.1　CrN 和 CrAlN 涂层的高温摩擦系数

鉴于 CrN 涂层的硬度要比其他几类涂层低，在相同的摩擦次数下易损坏，因此对 CrN 涂层研究时采用较少的摩擦次数防止涂层完全磨穿，以便对磨损特性更好地进行研究。

（1）温度对高温摩擦系数的影响

图 5-15 给出了 CrN 与 CrAlN 涂层在不同温度下摩擦系数随摩擦次数的变化曲线。与 5.2 节 TiN、TiAlN 与 AlTiN 涂层在高温下的变化规律相同，二者都经历了跑合阶段和稳定阶段两种摩擦状态。CrN 涂层的摩擦系数随温度的升高而升高，且在低温下数值平稳。高温下摩擦系数波动说明摩擦表面之间的不稳定因素增加。但 CrN 涂层的摩擦系数在 0.1~0.3 之间，总体较小。

CrAlN 涂层的摩擦系数随温度的升高呈现明显的下降趋势，200℃时平均约为 0.28，而温度升到 700℃时摩擦系数下降到 0.12 左右。且随温度的升高，摩擦系数波动幅度增加，说明 CrAlN 涂层在高温下摩擦不稳定。

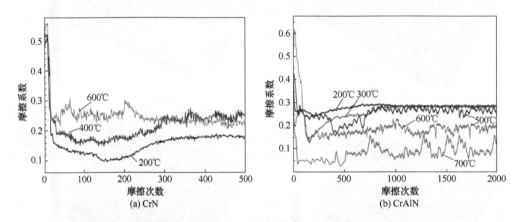

(a) CrN   (b) CrAlN

图 5-15　不同温度下 CrN 和 AlCrN 涂层摩擦系数的变化（10N，100m/min）

（2）速度对高温摩擦系数的影响

由图 5-16 看出，载荷为 10N，试验温度为 400℃时，CrN 涂层在各速度下稳态摩擦系数在 0.15~0.3 之间，且高速下略大。在高速下，由跑合阶段到稳定摩擦阶段的摩擦系数先下降后增加，而低速下则是先增加后下降，呈现出明显的不同。在其他试验条件相同的情况下，CrAlN 涂层在 600℃环境下摩擦系数随速度的变化趋势不明显，但高速下的摩擦系数波动较大，说明整个摩擦系统在高速条件下不稳定因素增加，而低速 40m/min 和 80m/min 时摩擦系数平稳。

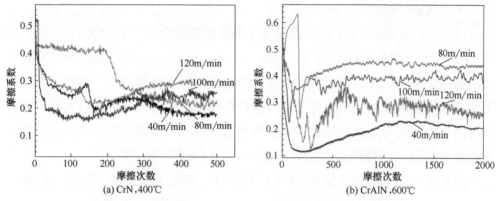

图 5-16　不同速度下 CrN 和 CrAlN 涂层摩擦系数的变化（10N）

（3）载荷对高温摩擦系数的影响

如图 5-17（a）所示，低载 5N 和 10N 时，CrN 涂层在稳定摩擦阶段的平均摩擦系数大体相同，约为 0.23；而高载 15N 时摩擦系数明显增大，约为 0.38，其摩擦阻力明显增加。低载下摩擦系数波动明显，而高载下由于摩擦面间的应力增大，磨屑被压实，不稳定因素减少因而摩擦稳定。CrAlN 涂层在高载下的摩擦系数反而降低，为 0.2 左右，说明其摩擦阻力较小。与 CrN 涂层相似，CrAlN 涂层在低载下摩擦系数波动明显。

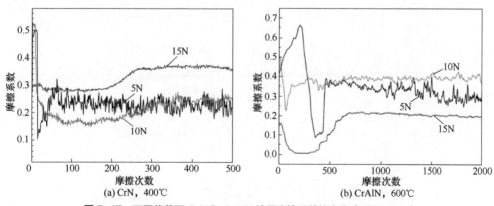

图 5-17　不同载荷下 CrN 和 CrAlN 涂层摩擦系数的变化（100m/min）

5.3.2 CrN 和 CrAlN 涂层高温磨损表面形貌研究

（1）CrN 涂层

图 5-18 为 CrN 涂层在不同温度下的磨痕轮廓曲线。在 200℃、400℃和 600℃时，最大磨痕深度分别为 0.5μm、1.2μm 和 1.4μm，说明随温度的升高涂层的磨损加剧。另外，高温下磨痕底部出现了明显的粗糙犁沟，这是因为高温下涂层软化或氧化使得对磨球对涂层的切削作用增加。低温下磨痕光滑，对磨球对涂层的作用为逐渐磨损的稳定摩擦过程。另外，磨痕轮廓在不同温度下的形貌特点与图 5-15 摩擦系数的波动规律反映出的情况相一致。

图 5-19 给出了 CrN 涂层在 400℃环境下以不同速度摩擦后的磨痕轮廓曲线。

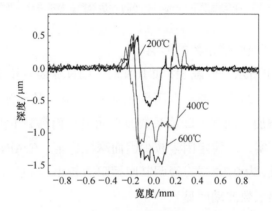

图 5-18　不同温度下 CrN 涂层的磨痕轮廓曲线（10N，100m/min）

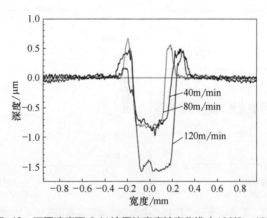

图 5-19　不同速度下 CrN 涂层的磨痕轮廓曲线（400℃，10N）

可以看出，两种低速下的磨痕深度大小相近，而高速下的磨损明显增加。除高速 120m/min 时的磨痕存在少量犁沟外，其他速度下磨痕较为光滑。另外，在磨痕的两侧存在明显的磨屑堆积现象，这是由于摩擦表面之间排出的磨屑聚集造成的，也说明 CrN 涂层在高温下的排屑能力较好。

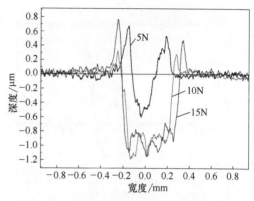

图 5-20　不同载荷下 CrN 涂层的磨痕轮廓曲线
（400℃，100m/min）

图 5-20 对比了 400℃环境下 CrN 涂层在不同载荷下的磨痕轮廓。可以看出高载下磨痕深度明显变大，且出现了明显的粗糙犁沟，因此，CrN 不适用于高载的摩擦条件。

（2）CrAlN 涂层

图 5-21 给出了 CrAlN 涂层在不同温度下的磨痕轮廓曲线。在低温 200℃时，摩擦表面与未摩擦的表面相比几乎没有变化，只是在摩擦区域涂层的粗糙度有所降低，涂层磨损轻微。500℃时，涂层的磨痕深度约为 0.05μm，且在磨痕的一侧有磨屑聚集的现象，说明磨屑可以顺利排出。当温度升高到 600℃时，涂层的最大磨痕深度增加到 0.3μm 左右，说明随温度的升高涂层的磨损加剧。但当温度继续升高到 700℃时，涂层的磨损不能检测，呈现负磨损现象。

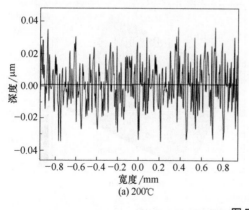

(a) 200℃

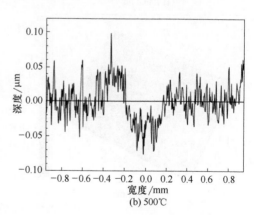

(b) 500℃

图 5-21

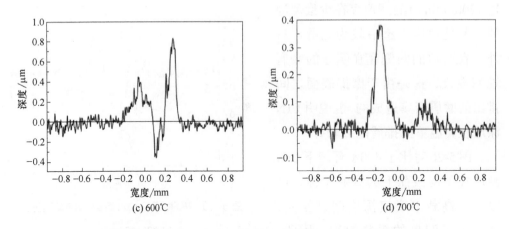

(c) 600℃   (d) 700℃

图 5-21　不同温度下 CrAlN 涂层的磨痕轮廓曲线（10N，100m/min）

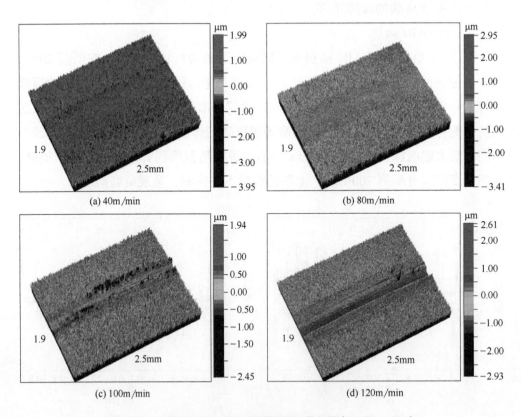

(a) 40m/min   (b) 80m/min

(c) 100m/min   (d) 120m/min

图 5-22　不同速度下 CrAlN 涂层的磨痕三维形貌（600℃，10N）

不同的摩擦速度下，CrAlN 涂层的磨痕存在明显的差别。图 5-22 给出 600℃环境下，载荷为 10N 时，速度对 CrAlN 涂层磨痕表面三维形貌的影响，由图中可以看出，在低速 40m/min 和 80m/min 时，涂层磨损轻微，磨痕不明显，其中 40m/min 的磨痕表面发生磨屑的黏着，磨痕存在少量的突起。而高速下的两磨痕清晰，100m/min 时的磨痕较窄，两侧磨屑堆积明显，120m/min 时的磨痕变宽变深，且磨痕的底部较为光滑。通过二维轮廓曲线可知，80m/min、100m/min 和 120m/min 时的最大磨痕深度分别为 0.07μm、0.3μm 和 1.3μm。

图 5-23 对比了 600℃，100m/min 的试验条件下载荷对 CrAlN 涂层磨痕轮廓曲线的影响。在低载 5N 时，磨痕表面突起，材料向涂层表面发生了转移。在 10N 和 15N 时，均出现了锯齿状磨痕轮廓，证明高载下对磨球对涂层的摩擦宏观上表现为犁削，从而形成起伏较大的磨痕表面。此时，两种载荷下的最大磨痕深度分别为 0.3μm 和 0.1μm 左右，高载下的磨损有所减小，CrAlN 涂层在高温高载下表现出较好的承载能力。综上，CrAlN 涂层更适合于高温高载低速的摩擦工况。

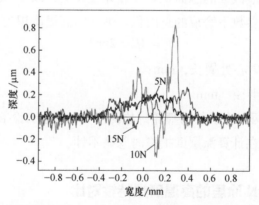

图 5-23　不同载荷下 CrAlN 涂层的磨痕轮廓曲线（600℃，100m/min）

5.4　涂层成分对 PVD 氮化物涂层的高温摩擦磨损特性的影响

为了更加深入地研究几种涂层高温摩擦特性，特别是涂层成分对摩擦特性的影响，需要将涂层高温下的摩擦特性进行对比。因为涂层之间的性能，特别是硬度及抗氧化性能存在很大的区别，在试验过程中选择的摩擦次数有所不同，如 5.1.2 节所述。尽管如此，在其他试验参数完全相同的情况下，可以通过对稳定摩擦状态下的摩擦系数及磨损率来进行各涂层之间摩擦特性的对比。

关于涂层的磨损率，采用如下的方法进行计算[141]：

$$K = \frac{V}{PS} \qquad (5\text{-}1)$$

式中　V——磨损体积，mm^3；

　　　P——载荷，N；

　　　S——磨损里程，m。

如前所述，涂层的磨损轮廓曲线可以由白光干涉仪获得。通过软件对磨痕的轮廓进行处理，可以将其等效为一组离散的数据，则总面积为：

$$A = \sum_{i=0}^{n} \Delta x_i y_i = \sum_{i=0}^{n} \Delta x y_i \qquad (5\text{-}2)$$

式中，Δx_i 为数据之间横坐标的差值；y_i 为相应位置的纵坐标的值；整个过程中 x 坐标取值的频率是不变的，因此 Δx_i 为定值 Δx。通过这种等效矩形计算的方法可以计算磨痕截面的总面积。在计算过程中，以 3 次测得的磨痕算术平均值作为相应试验参数下磨痕的总面积。则总的磨损体积为：

$$V = AL_1 = 2\pi r A \qquad (5\text{-}3)$$

式中　L_1——磨痕中心处周长，mm；

　　　r——磨痕半径，mm。

另外，通过前两节涂层的磨痕轮廓检测可知，部分试验条件下涂层被磨穿，但磨穿深度较小，在计算涂层磨损率时忽略不计。

5.4.1　TiN 和 CrN 涂层的高温磨损特性对比

图 5-24~图 5-26 分别对比了 TiN 和 CrN 涂层在不同温度、不同速度和不同载荷下的磨损特性。TiN 涂层的稳态摩擦系数随温度先增加后减小，而磨损率随温度的升高而逐步上升，CrN 涂层在 400~600℃的磨损率比低温明显增加，但数值基本相当，说明 CrN 在高温下具有一定的抗磨损能力。由图 5-24（b）可以看出，在各温度下 CrN 涂层的磨损率均高于 TiN，这主要是由于 CrN 涂层相对较低的硬度引起较大的涂层磨损。

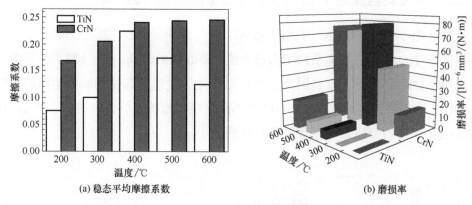

(a) 稳态平均摩擦系数　　　　　(b) 磨损率

图 5-24　不同温度下 TiN 和 CrN 涂层的磨损特性对比（10N，100m/min）

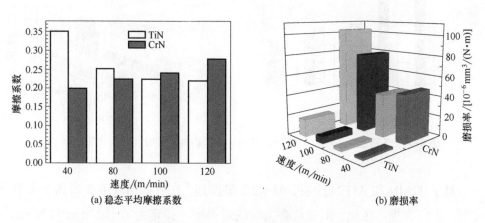

(a) 稳态平均摩擦系数　　　　　(b) 磨损率

图 5-25　不同速度下 TiN 和 CrN 涂层的磨损特性对比（400℃，10N）

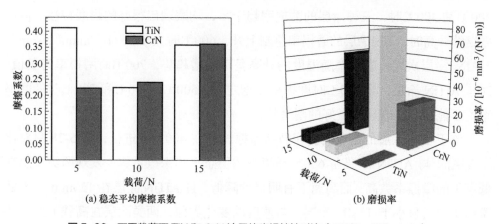

(a) 稳态平均摩擦系数　　　　　(b) 磨损率

图 5-26　不同载荷下 TiN 和 CrN 涂层的磨损特性对比（400℃，100m/min）

5.4.2　Al 及其含量对 Ti 基涂层高温摩擦磨损特性的影响

通过图 5-27 对比 TiN、TiAlN 和 AlTiN 三种涂层的稳态摩擦系数，发现在各温度下 TiN 涂层的摩擦系数均为最小值；随温度的升高，含 Al 两类涂层的稳态摩擦系数不断降低，这是因为涂层高温氧化后生成的氧化物影响了涂层的摩擦特性。当温度为 700℃时，由于氧化 TiN 涂层的摩擦试验没有进行，而 TiAlN 与 AlTiN 涂层的摩擦系数在各温度中达到最小。

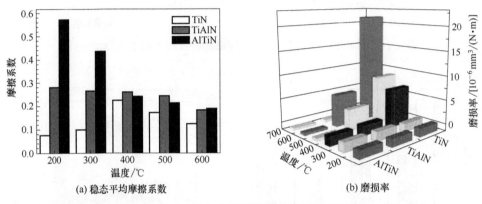

(a) 稳态平均摩擦系数　　　　　　　(b) 磨损率

图 5-27　不同温度下 TiN、TiAlN 和 AlTiN 涂层的磨损特性对比（10N，100m/min）

对于 TiAlN 和 AlTiN 涂层，如 5.2.2 节所述，在有些情况下磨痕高于未摩擦表面，为负磨损。在此，出现负磨损时的磨损率一律定为 $-1×10^{-6}mm^3/$（N·m）以与其他情况进行对比，如图 5-27（b）。对比三种涂层的磨损率发现，低温 200℃和 300℃时，三种涂层的磨损率趋于零，均表现出很好的耐磨特性。但温度继续升高时，TiN 涂层的磨损率急剧上升，600℃时大于 $20×10^{-6}mm^3/$(N·m)。TiAlN 涂层次之，磨损率随温度的升高呈现递增趋势，700℃时磨损率为负值。对于 AlTiN 涂层，除 400℃时磨损率略增之外，500℃、600℃和 700℃时的磨损率均不能检测，表现出最好的耐磨特性。

鉴于 TiN 涂层的变速度和变载荷摩擦试验在 400℃下进行，图 5-28 只对比了 TiAlN 与 AlTiN 涂层在 600℃环境下的稳态平均摩擦系数，发现两类涂层在低速下的摩擦系数高，而高速下有明显的降低，且 AlTiN 涂层在 120m/min 下的摩擦系数明显小于 TiAlN 涂层。与速度的变化类似，两类涂层在高载下的摩擦系数要低于低载的情况，且 AlTiN 涂层在高载下的摩擦系数更小。

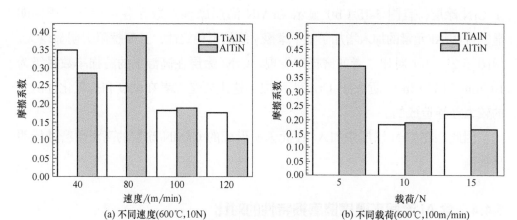

(a) 不同速度(600℃,10N)　　　　　(b) 不同载荷(600℃,100m/min)

图 5-28　不同速度和载荷下 TiAlN 和 AlTiN 涂层的摩擦系数对比

由以上讨论可知,含 Al 的 TiAlN 和 AlTiN 涂层的耐磨性相比 TiN 均有很大程度的提高，且随 Al 含量的增加，高温耐磨性增加，高 Al 含量的 AlTiN 涂层表现出最好的高温耐磨性能，更能适应高温高速高载的摩擦环境。

5.4.3　Al 对 Cr 基涂层高温摩擦磨损特性的影响

图 5-29 对比了 CrN 与 CrAlN 涂层的高温摩擦磨损特性。与 CrN 涂层相

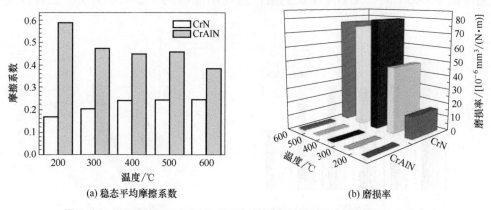

(a) 稳态平均摩擦系数　　　　　(b) 磨损率

图 5-29　不同温度下 CrN 和 CrAlN 涂层的磨损特性对比（10N，100m/min）

比，添加 Al 元素形成的 CrAlN 涂层在各温度下的稳态平均摩擦系数要明显高于 CrN 涂层，且图 5-15（b）显示 CrAlN 涂层摩擦系数在各温度下的震荡明显，说明 Al 元素的加入增加了整个摩擦系统的不稳定性，且摩擦阻力明显增大。但图 5-29（b）对比二者的磨损率发现，CrN 涂层在高温下的磨损率数量级为 10^{-5}mm³/（N·m），远大于 CrAlN 涂层，这主要是二者在硬度和抗氧化性能上的较大差异造成的。

因此，在 CrN 涂层中加入 Al 元素所形成的 CrAlN 涂层的高温耐磨性能明显提高。

5.4.4　含 Al 涂层高温摩擦磨损特性的对比

图 5-30 对比了三种含 Al 涂层在不同温度下的摩擦磨损特性。随着温度的升高，TiAlN 和 AlTiN 两涂层的稳态平均摩擦系数逐渐下降，其中 AlTiN 涂层下降幅度最大，700℃时在三者中达到最小，说明在一定的范围内，温度越高其摩擦阻力越小。尽管 CrAlN 涂层的稳态平均摩擦系数随温度也呈下降趋势，但幅度不大，且在各温度下均为最大值。三者的磨损率在 400℃之前相差不大，其值均较小。500℃时，TiAlN 涂层的磨损率急剧上升，600℃达到最大值。尽管温度低于 600℃时，CrAlN 涂层的磨损率随温度的升高而增大，但在 500℃和 600℃时的数值均低于 TiAlN 涂层。二者 700℃环境下的磨损率均为负值。温度高于 500℃时，AlTiN 涂层的磨损量均不能检测，磨损率为负。三种涂层

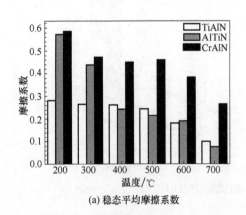

(a) 稳态平均摩擦系数

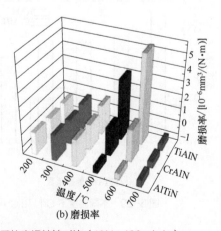

(b) 磨损率

图 5-30　不同温度下 TiAlN、AlTiN 和 CrAlN 涂层的磨损特性对比（10N，100m/min）

中，AlTiN 涂层的高温磨损性能最好，图 5-31（a）显示 TiAlN 和 AlTiN 在高速下的摩擦系数较小，而 CrAlN 涂层则相反。图 5-31（b）磨损率显示了相似的磨损特性，即 TiAlN 涂层在 600℃环境下，高速时磨损率较小，而 CrAlN 涂层则在低速下耐磨性较好，高速下磨损率明显升高。

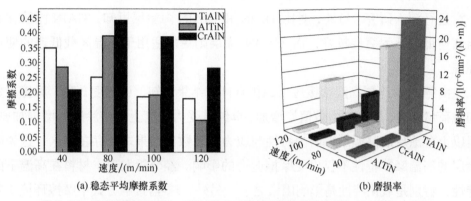

(a) 稳态平均摩擦系数　　　　　　　(b) 磨损率

图 5-31　不同速度下 TiAlN、AlTiN 和 CrAlN 涂层的磨损特性对比（600℃，10N）

由图 5-32 看出，尽管三种涂层的摩擦系数均随载荷的升高而下降，但磨损率却显示出很大的不同。TiAlN 涂层的磨损率随载荷的升高而升高，15N 时达 $10^{-5}mm^3/$（N·m）的数量级，说明其在高载下的耐磨性较差。而 CrAlN 涂层在载荷由 10N 升高到 15N 时，磨损率由 $0.914 \times 10^{-6}mm^3/$（N·m）下降到 0.377×10^{-6} $mm^3/$（N·m），且比 TiAlN 涂层在相同载荷下明显降低。

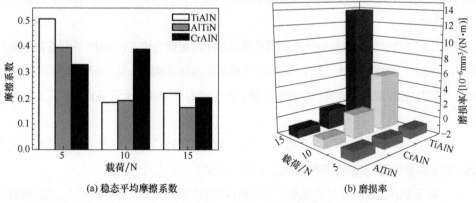

(a) 稳态平均摩擦系数　　　　　　　(b) 磨损率

图 5-32　不同载荷下 TiAlN、AlTiN 和 CrAlN 涂层的磨损特性对比（600℃，100m/min）

由于 AlTiN 涂层在 600℃下各试验条件下的磨损表面均表现为磨屑黏着，涂层的磨损率均为负值。

对 TiAlN、AlTiN 和 CrAlN 三种涂层的高温摩擦磨损特性对比可知：AlTiN 涂层在高温环境下具有最好的高温耐磨性，TiAlN 和 CrAlN 涂层在 500~600℃ 环境下磨损率较大，而温度升高到 700℃时，磨损率反而降低，其原因将在下一章进行深入研究。另外，对比 TiAlN 和 CrAlN 两涂层可知，TiAlN 涂层在高温高速低载下耐磨性较好，而 CrAlN 涂层则更加适用于高温高载低速的使用环境。

由第 3 章涂层高温摩擦应力的仿真计算结果可知，当温度升高，摩擦系数和载荷增加时，摩擦应力数值均增加，单纯从受力角度上来讲涂层的磨损加剧。但以上各涂层的高温摩擦磨损特性与应力仿真数值结果之间存在出入，这说明涂层的高温摩擦特性不仅仅受摩擦应力的影响。经分析发现，材料在高温下的特性，特别是氧化特性是影响因素之一。另外，球-盘接触方式中摩擦环境是封闭的，只有部分磨屑被排出摩擦区域，还应该考虑磨屑对摩擦过程的影响。因此，以上得到的涂层高温摩擦特性是由多方面综合影响的结果，同时也说明了涂层高温摩擦特性的复杂性。

本章小结

本章系统研究了 PVD 氮化物涂层的高温摩擦磨损特性，考察了温度、速度和载荷对涂层摩擦系数以及磨痕表面的影响。另外，通过对比涂层之间的耐磨性，分析了成分对 PVD 氮化物涂层高温摩擦磨损特性的影响，包括 Ti 基与 Cr 基涂层以及 Al 元素及其含量的影响。

① TiN 和 CrN 涂层在高温高速高载摩擦环境下的耐磨性较差，TiAlN 涂层在高温高速低载下具有较好的摩擦特性，AlTiN 涂层的摩擦系数和磨损量随温度、速度和载荷的增大而减小，说明其适应高温高速高载的摩擦环境，而 CrAlN 涂层更适合于高温高载低速的摩擦工况。

② 对比 TiN 和 CrN 两类涂层发现，在相同的试验条件下，CrN 涂层的磨损率均高于 TiN，这主要是由于 CrN 涂层硬度较低，耐磨性较差。

③ Al 元素的加入使得 Ti 基涂层 TiAlN 和 AlTiN 的摩擦系数及磨损率减小，高温耐磨性相比 TiN 有很大程度的提高，且随 Al 含量的增加，涂层高温耐磨性增加。

④ 尽管 Al 元素的加入使 CrAlN 涂层的高温摩擦系数振荡且数值较大，但却显著提高了 CrAlN 涂层的高温耐磨性。

⑤ 对比三种含 Al 涂层 TiAlN、AlTiN 和 CrAlN 的高温摩擦磨损特性可知：AlTiN 涂层在高温环境下具有最好的高温耐磨性，TiAlN 和 CrAlN 涂层在 500~600℃环境下磨损率较大，而温度升高到 700℃时，磨损率反而降低。

第 **6** 章
PVD氮化物涂层的高温磨损机理

本章将对 TiN、TiAlN、AlTiN、CrN 和 CrAlN 五种 PVD 氮化物涂层的高温磨损机理进行深入研究，明确每种涂层的高温摩擦磨损机制，并讨论对磨副的磨损形式及不同成分的氧化生成物对涂层磨损机理的影响。

6.1　PVD 氮化物涂层高温摩擦中的氧化

在高温摩擦过程中，摩擦材料之间以及摩擦材料和周围环境之间易发生化学反应，尤其是氧化反应，并引起摩擦副接触表面"质"的变化，从而影响整个摩擦系统，因此第 4 章详细地研究了涂层的氧化特性。本节将讨论高温摩擦环境下的氧化行为。

6.1.1　摩擦接触表面的最高温度

氧化反应的发生，除了高温的环境因素外，还应该包括摩擦副之间的相对运动所产生的热量引起的温升，即与摩擦表面的最高温度有关。本节将根据 3.2.3 节中给出的摩擦表面最高温度的计算公式（3-29）计算每种涂层的最高温度，以便判断氧化反应的发生。

根据式（3-29），最高温度的计算除了与对磨副材料的性能参数有关外，还涉及摩擦速度、摩擦系数、加载力和接触半径等，而这些参数是在试验过程中获得的，取其真实值。

（1）高温摩擦中接触半径的测量

在 3.1 节关于球-盘接触的力学问题的讨论中提到，在摩擦副硬度值相差较大而一方较快磨损的情况下，根据传统的赫兹理论计算的摩擦副接触半径与摩擦过程中的实际半径相差较大。因此，在计算摩擦接触表面的最高温度时，采用真实的测量值。

图 6-1 为使用大景深显微镜（型号：VHX-600ESO）获得的经 600℃高温环境摩擦后对磨球上的磨斑，其自带的测量功能可以准确给出对磨球上的磨斑直径。使用同样的方法可以获得各试验参数条件下对磨副的接触半径，以便进行接触表面最高温度的计算。由前面的讨论可知，涂层上磨痕的轮廓为不规则曲

线，这里忽略这一现象，接触半径按照对磨球磨斑的直径取值。

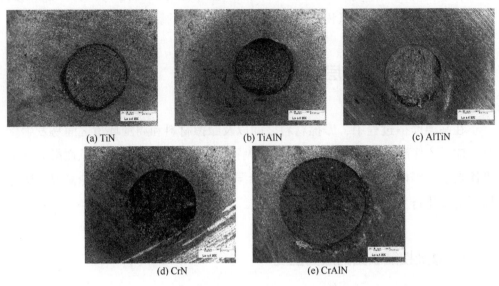

  (a) TiN   (b) TiAlN   (c) AlTiN

      (d) CrN   (e) CrAlN

图 6-1 对磨球上的磨斑（600℃，10N，100m/min）

  另外，在测量的过程中发现，所获得磨斑的大小与摩擦过程中的摩擦系数存在一定的关系，即接触半径随摩擦系数的增大大体呈增长的趋势。由摩擦磨损原理可知，摩擦过程的摩擦系数与摩擦副实际接触面积（接触半径）有关，接触面积越大，摩擦系数也越大。经测量所获得的数据大体符合这一磨损原理，从这一点上证明了试验的正确性。

  （2）摩擦接触表面的最高温度计算

  根据表 3-1 和表 5-2 提供的摩擦副的性能参数、第 5 章获得的各涂层在稳定摩擦阶段的平均摩擦系数以及所测得的接触半径，可计算出每种涂层在不同温度下摩擦接触表面的最高温度，如表 6-1。可以看出，在各温度下，各涂层摩擦表面的最高温度均有不同幅度的增加。值得注意的是，在计算的过程中，假定摩擦副材料的特性参数不随温度变化。另外，由于在计算时使用的摩擦副接触半径为试验结束后的最终值，而在实际摩擦过程中其值应该随磨损的增加逐渐增大。这些都会对摩擦接触表面最高温度的计算带来影响，因此表 6-1 列出的数值为最高温度的估算，实际温度值会在计算值的基础上上下浮动。

  图 6-2 对不同涂层的表面最高温度计算值进行了对比。可以发现，在相同的

环境温度下，二元涂层 TiN 和 CrN 涂层的摩擦表面最高温度要小于其他三元涂层，其主要原因是因为二者在高温下的摩擦系数较小。高 Al 含量的 AlTiN 和 CrAlN 涂层温度较大，这同样是因为在高温环境下较大的摩擦系数引起的。其中，AlTiN 涂层在 500℃环境下表面的最高温度可达 800℃以上。

表6-1　高温下摩擦接触表面的最高温度（10N，100m/min）　　　　　　　　　℃

涂层	200℃	300℃	400℃	500℃	600℃	700℃
TiN	289	345	481	603	703	—
TiAlN	320	436	567	664	747	812
AlTiN	440	539	676	815	862	860
CrN	338	428	536	626	727	—
CrAlN	378	487	607	718	826	919

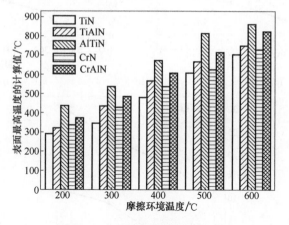

图6-2　不同涂层表面最高温度对比

6.1.2　涂层摩擦前后的氧含量

图 6-3 详细给出了各涂层在各温度下摩擦前后的氧含量。与未摩擦的涂层相比，摩擦轨迹内的氧含量均明显增加。这主要是因为摩擦使得摩擦接触表面的温度升高，氧化反应更容易发生。

由 5.4 节给出的涂层磨损率可知，对于五种涂层来讲，当温度小于 400℃时，温度的升高对涂层磨损率的影响不是太大，即在温度相对较低时，温度的

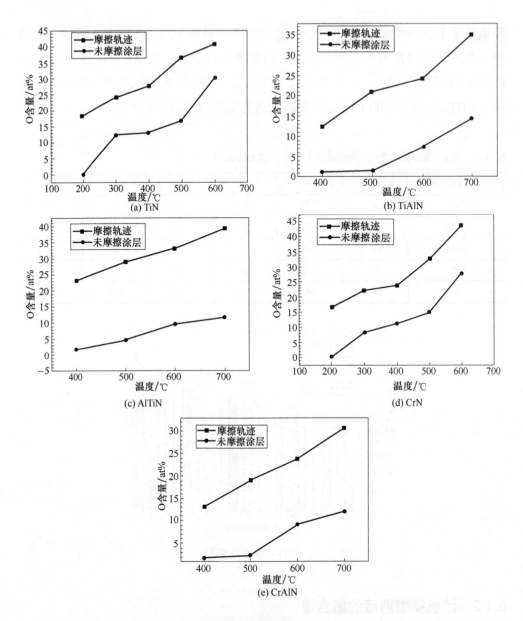

图6-3　涂层摩擦前后的氧含量（10N，100m/min）

升高并没有造成涂层磨损率的增加。这主要是因为氮化物涂层的轻微氧化可以提高涂层的承载能力，从而使涂层的耐磨性增加，特别是对于三种含 Al 的三元涂层。但是，当温度继续升高时，涂层的氧化加剧，磨损率相应增加，此时氧化不再是有利因素。随温度增加，涂层与基体热应力增加，且氧化造成涂层与基体之间的热胀失配，氧化会成为涂层磨损加剧的主因。

6.2　磨痕表面的微观形貌及磨损机理分析

6.2.1　TiN 涂层

图 6-4（a）显示了 TiN 涂层在 400℃环境温度下的磨痕全貌，可以看出，磨痕由三个不同的部分组成，在图中分别用 A、B、C 进行标识。通过对这三部分进行微区放大可以发现之间存在明显的区别。摩擦轨迹的边缘部分，存在明显的磨屑黏着现象，且沿摩擦方向呈鱼鳞状走向，如图 6-4（b），这主要是因为在球-盘接触方式中，由轨迹内部排出的磨屑来不及完全排出摩擦轨迹而随摩擦副运动形成"舌状"黏着。同时，接触区的外圈受力较小，磨屑不能被压实。向着摩擦轨迹的中心，接触应力不断增加，因此在图 6-4（d）中显示磨屑被压实，

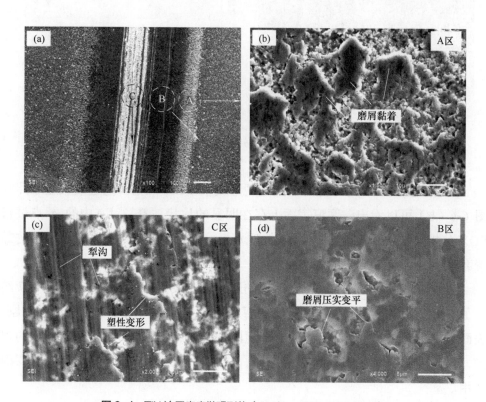

图 6-4　TiN 涂层磨痕微观形貌（400℃，10N，100m/min）

且整个区域形貌平整。摩擦轨迹的中心区域受力最大，磨损最为严重，有些地方能够看到基体外漏。明显的犁沟说明存在磨粒磨损现象，另外，在对磨球的切削作用下，涂层的摩擦表面存在明显的塑性变形。

沿图 6-5（a）中的 A→B 进行 EDX 线扫描分析，结果如图 6-5（b）所示。可以看出，从 A 点到 B 点进入摩擦区域时，Si 和 O 元素含量激增，而 Ti 和 N 元素含量骤降，证明涂层有一定的磨损，且对磨副两材料均发生了氧化。在磨痕的中心区域，Si 元素的存在说明对磨球材料向磨痕表面发生了转移，并以磨屑的形式聚集在磨痕中心，这说明 TiN 涂层的高温排屑能力较差。涂层磨损造成基体的外漏，使 W 元素含量增加。

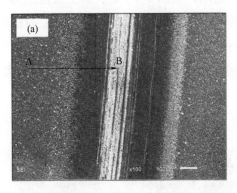 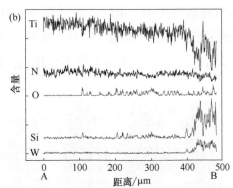

图6-5　TiN 涂层磨痕 EDX 线扫描分析图谱（400℃，10N，100m/min）

图 6-6 显示了对磨球上的磨痕微观形貌及 EDX 图谱。通过放大显示照片图 6-6（b）可以看出，磨痕表面上存在明显的片状黏着，对其中的 A 点进行 EDX 分析发现了来自于涂层材料的 Ti 元素，说明对磨副之间发生了明显的黏着磨损。

随着摩擦环境温度的升高，涂层的磨痕形貌发生了很大的变化。图 6-7 给出了 600℃实验条件下的磨痕形貌，可以看出，与 400℃相比，涂层磨损加剧，表面更加粗糙。在 400℃时磨痕较平坦的部位 A，在 600℃时出现了明显的犁沟，而磨痕的中心区域犁沟变得更大，对磨球对涂层材料起到了宏观的切削作用。

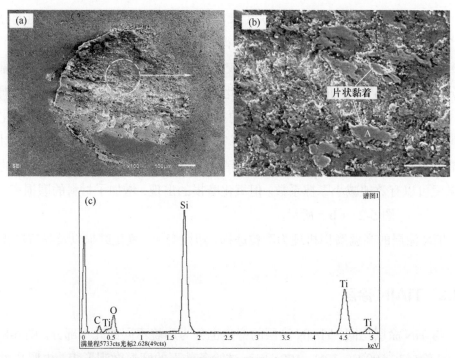

图 6-6　对磨球上的磨痕微观形貌及 EDX 图谱（400℃，10N，100m/min）

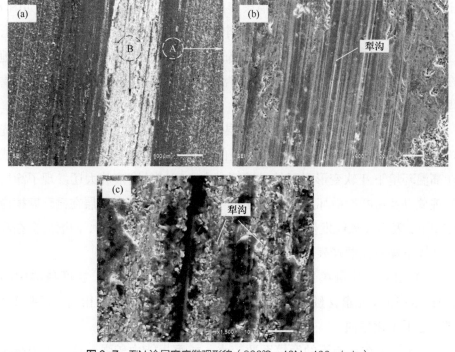

图 6-7　TiN 涂层磨痕微观形貌（600℃，10N，100m/min）

通过表 6-1 可知，600℃和 400℃摩擦环境温度时接触表面的最高温度分别为 703℃和 481℃，较大的温度差值使得涂层的氧化程度不同。图 6-3（a）对 400℃和 600℃两种温度下的磨痕进行较大区域的 EDX 分析发现，O 元素原子百分含量由 25.69%增加到 40.39%。因此，随着温度的升高，涂层的氧化磨损加剧，这是 TiN 涂层高温下磨损率增加的主要原因。另外，根据第 4 章的氧化试验可知，TiN 涂层氧化后生成 TiO_2，而 TiO_2 硬度较低，因此在高温摩擦中对磨球能够对氧化后的涂层进行宏观摩擦切削而形成犁沟表面，而且 TiO_2 较低的剪切强度可以有效地减小摩擦系数。但氧化磨损的出现，增加了材料的磨损率，如图 5-3（a）、图 5-24（b）所示。

TiN 涂层的高温磨损机理为磨粒磨损、塑性变形、氧化磨损以及黏着磨损。

6.2.2　TiAlN 涂层

与 TiN 涂层相同，TiAlN 涂层的磨痕也分为形貌不同的几个部分。图 6-8 为 TiAlN 涂层在 600℃、10N、100m/min 试验条件下的磨痕微观形貌。由照片可以看出，尽管在加载力的作用下磨屑聚集区被压实，但仍然比较粗糙，如图 6-8（b）所示，这是由于 TiAlN 涂层的排屑能力较好，在摩擦过程中来自于中心摩擦区域的磨屑来不及被压实的原因造成的。另外，在靠近摩擦中心区域的地方存在很多的细犁沟，这是较小的磨粒对涂层的摩擦作用，呈现明显的磨粒磨损机理。

由图 6-8（c）可以看出，TiAlN 涂层磨痕的中心区域相对光滑，呈现抛光磨损机制。但光滑涂层表面存在几条明显的褶皱，这可能是由于黏着的磨屑或涂层在高温环境下变软变形引起的。继续对中心区域的磨痕放大还发现了涂层的断裂现象以及由断裂破坏所形成的较大磨屑，证明 TiAlN 涂层在循环摩擦应力的作用下，表面大颗粒发生了疲劳断裂，从而形成明显的断口，而磨屑会在高温高压环境下黏着在磨痕表面，如图 6-8（e）所示。

对 TiAlN 涂层磨痕区域进行线扫描，如图 6-9 所示。在磨痕的中心区域，Ti、Al 和 N 元素含量明显降低，而相应的 O 元素含量却很高，证明 TiAlN 涂层发生了氧化磨损。

TiAlN 涂层在高速下的摩擦系数较小，抗磨损能力较强，这是因为高速下涂层氧化，而氧化产物提高了涂层的抗磨损能力。由 4.3.2 节可知，TiAlN 涂层氧化后生成 TiO_2 和 Al_2O_3 的混合氧化物，TiO_2 的剪切强度较低，在摩擦的过程中起到润滑剂的作用，因此随温度的升高摩擦系数反而降低，而 Al_2O_3 的强度较高，正好对涂层起到抗磨损的保护作用。

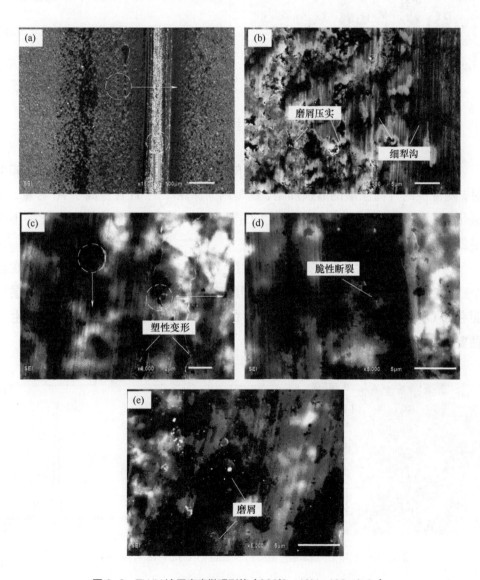

图 6-8　TiAlN 涂层磨痕微观形貌（600℃，10N，100m/min）

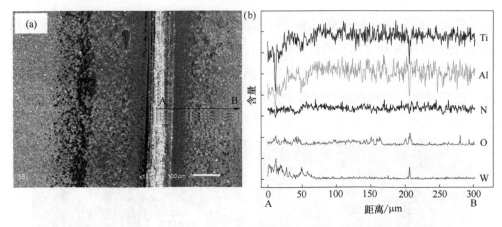

图 6-9　TiAlN 涂层磨痕 EDX 线扫描分析图谱（600℃，10N，100m/min）

由图 5-9 所示的 TiAlN 涂层高温下的三维磨痕形貌可知，当温度小于 600℃时，随温度的升高涂层的磨损加剧，这是因为涂层中的 Ti 含量高于 Al 含量，在氧化程度较低的情况下，氧化物中 TiO_2 为主导，其硬度较低，因此氧化使得涂层强度降低，磨损加剧。

图 6-10 为 700℃摩擦环境温度下涂层上的磨痕及 EDX 图谱，可以看出在整个磨痕上覆盖着一层磨屑，未发现涂层的磨损。此时，除涂层元素外，涂层表面存在 O 元素和来自于对磨球的 Si 和 C 元素，说明对磨球材料向涂层发生了黏着。

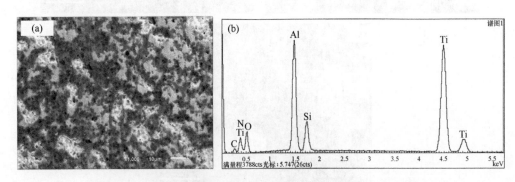

图 6-10　TiAlN 涂层磨痕形貌及 EDX 图谱（700℃，10N，100m/min）

另外，涂层表面形成的 Al_2O_3 能够阻止对磨材料和涂层的直接接触，从而降低高温下的黏着磨损，因此图 6-9 磨痕的线扫描中并未发现 Si 元素存在，同时也证明 TiAlN 涂层具有良好的排屑能力。

可见，TiAlN 涂层的磨损方式为磨粒磨损、塑性变形、脆性断裂以及氧化磨损。

6.2.3　AlTiN 涂层

图 5-13（a）中 AlTiN 涂层的磨痕轮廓曲线显示当环境温度小于 400℃时，涂层轻微磨损，磨损量很小，属于轻微的磨粒磨损。图 6-11 给出了 200℃环境温度下涂层磨痕的背散射照片，也可以看出整个摩擦区域与未摩擦部分相比相差不大，摩擦作用不明显。

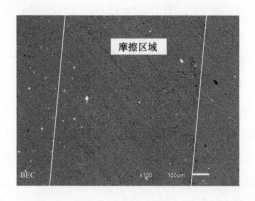

图 6-11　AlTiN 涂层 200℃时的磨痕形貌（10N，100m/min）

图 6-12 为 600℃环境下 AlTiN 涂层磨痕形貌及其 EDX 分析，可以看出，摩擦区域不存在明显的形貌分区。沿摩擦方向，在整个的摩擦轨迹内覆盖有舌状黏着转移膜。将转移膜与图 5-2（a）SiC 对磨球进行比较可以发现，二者在微观形貌上相似，只不过转移到涂层上的 SiC 材料在力的作用下被压平。由于转移膜的存在，涂层未与对磨球直接接触而保持完整未磨损，其微观形貌与图 4-10（c）AlTiN 经 800℃氧化后的微观形貌相同。进一步对磨痕进行 EDX 分析发现，转移膜中除了含有涂层成分外，还含有 Si 和 C 元素，如图 6-12（c），这更加证明了对磨球材料向涂层表面发生了转移，大量 O 元素的出现说明对磨副表面发生了氧化现象。

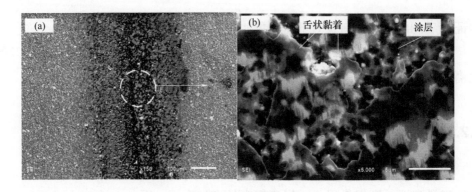

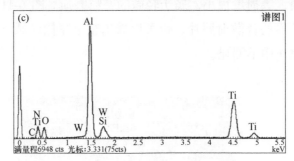

图 6-12　AlTiN 涂层的磨痕形貌及 EDX 图谱（600℃，10N，100m/min）

　　图 6-13 对 AlTiN 涂层的磨痕轨迹进行了线扫描分析，可以发现，在整个磨痕区域内，Si 和 O 元素含量有明显的增加，说明了磨损主要发生在 SiC 对磨球上，磨屑黏着在摩擦表面并氧化，N 元素含量的降低以及 O 元素含量的增加同时表明摩擦轨迹内的涂层氧化。

　　图 6-13 显示，AlTiN 涂层在摩擦温度为 500℃时就出现了负磨损现象，之后随着温度的升高，磨损表面均高于涂层。表 6-1 中计算的 AlTiN 涂层在摩擦环境温度为 500℃时摩擦表面的最高温度超过 800℃，涂层势必氧化。而 AlTiN 涂层中 Al 元素含量超过 Ti 元素，因此氧化产物以 Al_2O_3 为主，对涂层起到很好的保护作用，这是 AlTiN 涂层在较低温度下就出现负磨损的主要原因。而随温度的升高，另一氧化产物 TiO_2 含量的增加有利于摩擦的进行，较低的剪切应力使 AlTiN 的摩擦系数随温度的升高而降低，如图 5-3（c）。由 5.4 节可知，相比其他涂层，AlTiN 涂层更适合高温高速高载的摩擦环境，因为此时可以生成更多的承载能力较强、对涂层起到保护作用的 Al_2O_3。

　　除了对磨球材料向涂层转移并黏着在摩擦表面上，图 6-14 给出了 600℃时相应对磨球上磨痕的 EDX 分析，可以看出涂层元素 Al 和 Ti 同时向对磨球上发

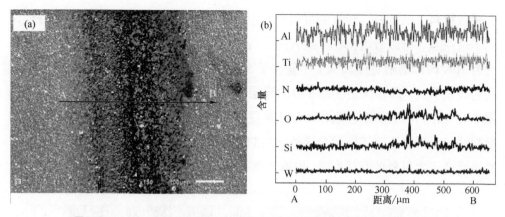

图 6-13   AlTiN 涂层磨痕 EDX 线扫描分析图谱（600℃，10N，100m/min）

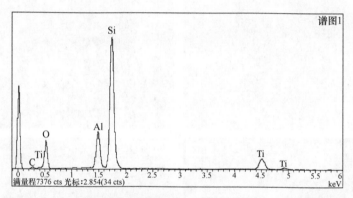

图 6-14   AlTiN 涂层对磨球磨痕的 EDX 图谱（600℃，10N，100m/min）

生了转移，因此，二者之间发生了黏着磨损。因为 Al 有很强的化学活性，当涂层中的 Al 含量增加时，势必会提高摩擦副表面之间的黏附性，特别是在高温高载的摩擦环境下[52]。

由以上讨论可知，AlTiN 涂层的磨损机理为磨粒磨损、氧化磨损以及黏着磨损。

6.2.4 CrN 涂层

与对磨球材料 SiC 相比，CrN 涂层的硬度较低，因此呈现出与其他几类涂层不同的磨损机理。为了防止涂层被磨穿，以便更好地观测其磨损形式，图 6-15 重点分析了 CrN 涂层在 400℃环境温度下的磨痕微观形貌。当硬度较高的对磨材料在较软材料上摩擦时，较软的材料会发生塑性变形，图 6-15（a）、（b）很好地说明了这一点。可以看出，在摩擦方向，CrN 涂层材料发生了明显的变形，且加载力为 10N 时的磨痕宽度和深度明显大于 5N。另外，图 6-15（b）显示出了 CrN 涂层的破损形式，即多次塑变而导致的涂层断裂脱落失效。对 A 区进行放大获得的图 6-15（d）可以清晰地观测到 CrN 涂层的变形层在循环应力的作用下所产生的微裂纹，当裂纹不断扩展后会导致涂层的片状脱落而形成磨屑，而磨屑继续参与摩擦就会产生另外的磨损形式，即磨粒磨损，从而出现犁沟，如图 6-15(c)所示。

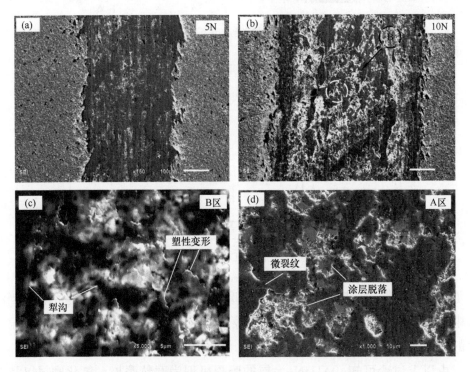

图 6-15　CrN 涂层磨痕微观形貌（400℃，10N，100m/min）

除上述磨损形式外，高温氧化也是 CrN 涂层失效的主因。图 6-16 对 400℃的磨痕进行了线扫描。可以看出，在磨痕区域涂层成分 Cr 和 N 含量明显降低，而 O 元素明显升高，证明了摩擦过程的氧化现象。CrN 涂层氧化后生成 Cr_2O_3，并以硬质磨屑的形式存在于摩擦表面之间，从而在涂层表面形成犁沟。另外，涂层在摩擦过程中的氧化变性也是造成涂层脱落的原因之一。由于涂层的破损，线扫描结果中出现了来自于基体的 W 元素。

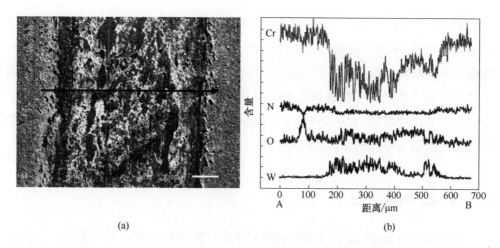

(a)
(b)

图 6-16　CrN 涂层磨痕 EDX 线扫描分析图谱（400℃，10N，100m/min）

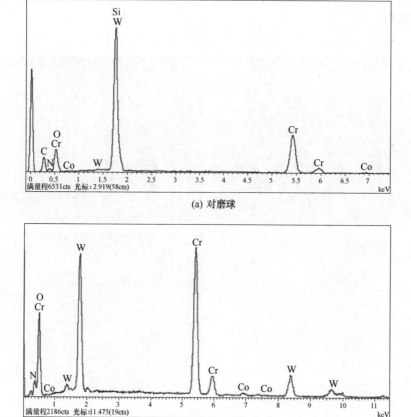

图 6-17　CrN 涂层与对磨球磨痕 EDX 图谱（400℃，10N，100m/min）

图 6-17 对比了对磨副两磨痕上的 EDX 图谱。可以看出，对磨球磨痕上除了含有本身的 Si 和 C 元素外，还含有涂层材料元素，这是因为较软的涂层向对磨球发生了材料转移。但相反，在涂层的摩擦轨迹内却没有发现对磨球材料，因此可以判定二者之间的黏着形式为涂层向对磨球的单向转移。

由以上讨论可知，CrN 涂层的主要磨损形式为氧化磨损、黏着磨损、塑性变形以及多次塑变导致的涂层脱落。

6.2.5 CrAlN 涂层

图 6-18 为 CrAlN 涂层在 200~700℃摩擦后的磨痕全貌。可以看出，当温度小于 600℃时，随温度的增加，涂层的磨损逐渐加剧，这与图 5-21 涂层在各温度下的磨痕二维轮廓曲线结果一致。当温度升高到 700℃时，摩擦轨迹内黏着有大量的磨屑。

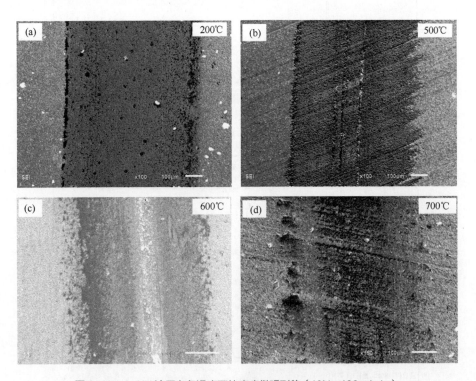

图 6-18　CrAlN 涂层在各温度下的磨痕微观形貌（10N，100m/min）

　　为了更好地研究 CrAlN 涂层的高温磨损机理,对 600℃下的磨痕轨迹进行详细研究,如图 6-19 所示。与 TiN 和 TiAlN 两类涂层相同,CrAlN 在 600℃环境下的磨痕分为明显的磨损区、磨屑压实区和磨屑黏着区。通过对磨屑较多的 B 区和 C 区进行放大显示可以发现,与其他涂层相比,相对应的这两部分较为粗糙,特别是在磨屑黏着区域出现了密集的鱼鳞状磨屑,表明 CrAlN 涂层在摩擦的过程中产生了较多的磨屑,但由于来不及被压实和排出,因而形成了粗糙表面。另外,图 6-19(d)与 AlTiN 涂层磨痕轨迹形貌图 6-12(b)相似,即表现为受力压平后的 SiC 对磨材料微观形貌。由正常磨损 A 区域的放大照片图 6-19(b)可以看出,CrAlN 涂层的破坏形式为逐渐磨损,且磨损区域较为平坦光滑,只发现了小的磨粒以及轻微犁沟。

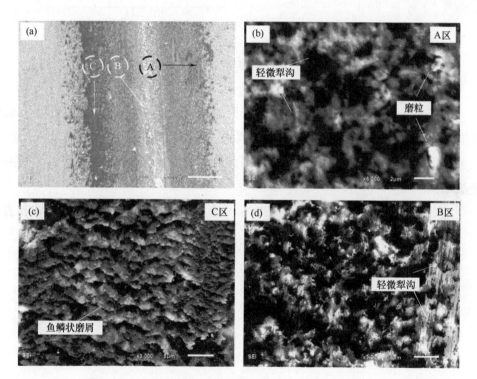

图 6-19　CrAlN 涂层的磨痕微观形貌(600℃,10N,100m/min)

　　图 6-20 给出了 CrAlN 涂层磨痕轨迹的 EDX 线扫描分析图谱。磨痕黏着区 Si 和 O 元素含量突增,说明对磨球磨损严重,排出的磨屑以对磨球的氧化物为主。摩擦轨迹内涂层 N 含量明显降低说明涂层在高温环境下发生了氧化,而 Si

元素含量的明显增加说明大量的对磨球材料向磨痕轨迹转移而未排出。由于涂层磨损变薄，在磨损区域检测出了一定量的基体元素 W。

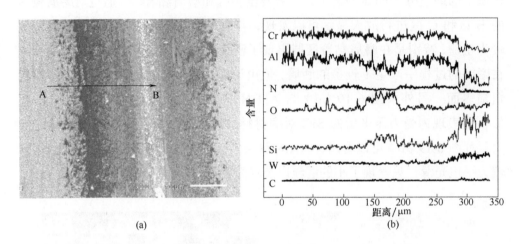

(a)　　　　　　　　　　(b)

图 6-20　CrAlN 涂层磨痕 EDX 线扫描分析图谱（600℃，10N，100m/min）

　　与其他涂层相比，CrAlN 涂层磨损时的犁沟现象不明显，这是因为 CrAlN 涂层的晶粒更加均匀细小[74, 143]，在摩擦的过程中所形成的磨屑颗粒较小，磨粒在磨损区域起到了抛光磨损的作用，因此所形成的磨痕表面相对光滑，只存在轻微犁沟。

　　图 6-21 为对磨球上磨痕的 EDX 图谱，显示涂层材料未向对磨球黏着。

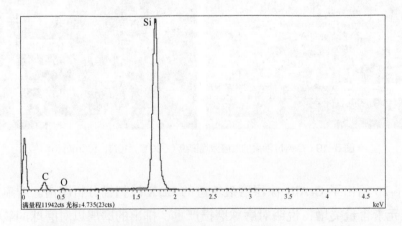

图 6-21　CrAlN 涂层对磨球磨痕 EDX 图谱（600℃，10N，100m/min）

CrAlN 与 AlTiN 涂层同为高 Al 含量涂层，图 6-12（c）和图 6-14 显示 AlTiN 涂层与对磨球之间发生了相互黏着，而在相同的试验条件下，与 CrAlN 对磨时，对磨球只向涂层发生了单项的材料转移，即 CrAlN 涂层抗黏着磨损能力较强。相关研究表明[49]，在各种金属氮化物中，Al 在 CrN 中的溶解度最大，所形成的 CrAlN 涂层为四方晶粒结构。而向 TiN 中添加的 Al 元素含量较高时易形成六方晶粒的 AlTiN 相。而在高温环境下，四方晶粒结构明显要比六方晶粒稳定。而且经过试验证明，CrAlN 涂层要比 AlTiN 涂层具有更好的热稳定性[135]，因此高温下的抗黏着能力较强。

　　图 6-22 为 CrAlN 涂层在 700℃环境下的磨痕形貌及 EDX 图谱，可以看出，轨迹上明显存在来自摩擦球的元素，对磨球向涂层发生了转移形成了涂层的负磨损现象。

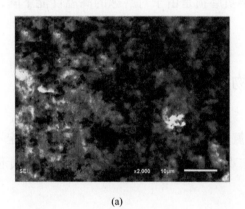

(a)

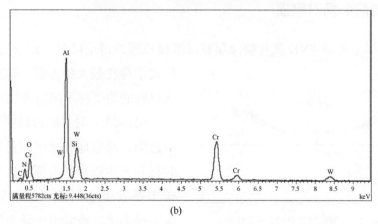

(b)

图 6-22　CrAlN 涂层的磨痕形貌及 EDX 图谱（700℃，10N，100m/min）

经过以上的讨论可知，CrAlN 涂层的磨损为磨粒磨损和氧化磨损的共同作用。

由第 5 章涂层的高温摩擦特性可知，TiAlN、AlTiN 和 CrAlN 涂层在 700℃时均出现了负磨损，由于磨屑的覆盖涂层保持完整未磨损。产生这一现象的原因有两种，一是涂层在此温度下的耐磨性突然增加；二是对磨球的性能在此温度下降低，特别是硬度下降。通过 TiAlN 和 CrAlN 涂层的高温磨损率可以看出，随着温度的升高，氧化涂层的磨损加剧，按照此趋势，700℃时涂层的磨损会更严重，因此这种负磨损不可能是由于涂层耐磨性的增加造成的。而另一方面，图 6-10（b）和图 6-22（b）显示的 TiAlN 和 CrAlN 涂层在 700℃时的磨痕 EDX 图谱以及图 6-12（c）AlTiN 涂层在 600℃时出现负磨损的磨痕 EDX 谱图存在的共同特点是在磨痕区域内均发现了来自于对磨球的元素 Si、C 以及 O 元素，这充分说明涂层负磨损是由于对磨球的高温性能下降，特别是耐磨性能降低的原因造成的。

6.3 PVD 氮化物涂层的高温磨损形式

通过以上 PVD 氮化物涂层磨痕微观形貌的分析，确定了每种涂层的磨损机理，本节将从较为宏观的角度来讨论不同涂层的高温磨损形式。

6.3.1 对磨副同时磨损

通过以上五种 PVD 氮化物涂层高温磨损机理的讨论可知，涂层之间在磨损形式上存在较大的区别，这主要是对磨材料的耐磨性不同造成的。

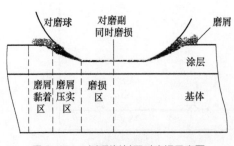

图 6-23 对磨副材料同时磨损示意图

图 6-23 为对磨副材料同时磨损的示意图，对磨球和涂层相互摩擦产生磨损并产生较多的磨屑。这种磨损形式主要发生于对磨材料的耐磨性相差不是太大，或者由于高温摩擦环境

使二者的耐磨性相差不大的情况。五种涂层中 TiN、TiAlN 与 CrAlN 属于此类磨损形式。摩擦副之间的耐磨性，特别是硬度相当的情况下相互摩擦时，二者均产生磨损，产生的磨屑在二者的摩擦接触区（磨损区）以第三体的形式出现并参与摩擦过程。在摩擦的过程中，由于摩擦副之间存在相对运动，磨屑会排出二者的接触区域而向轨迹边缘转移。在球-盘接触方式中，磨损区可近似看作小平面接触，但在轨迹的外侧近似圆弧形接触，且离磨损区越近二者之间的接触应力就越大。所以在磨屑刚排出磨损区域时在较大的应力作用下被压实，形成较为平整的磨屑压实区。当排出的磨屑较多而来不及被压实时，就会在摩擦轨迹的最外侧接触应力较小的区域形成磨屑的黏着，且形貌上沿摩擦方向呈鱼鳞状分布。

6.3.2　对磨球磨损

AlTiN 涂层属于高 Al 含量硬质涂层，高温摩擦环境下氧化产生大量的 Al_2O_3 与 TiO_2。Al_2O_3 可以减缓涂层氧化，增加涂层的耐磨性，而 TiO_2 在摩擦的过程中起到了减磨润滑剂的作用，而使摩擦系数降低。因此，摩擦环境温度高于 500℃时，摩擦副接触时表现为只有对磨球磨损的形式，如图 6-24 所示。

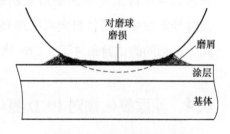

图 6-24　对磨球磨损示意图

与对磨球相比，高温环境下 AlTiN 涂层的耐磨性显著增加，因此磨损只发生在对磨球的一方。在二者接触的初期，AlTiN 涂层也存在磨损，但随着摩擦的进行，对磨球的磨损远大于涂层且材料向二者的接触区转移并黏着在涂层上。因此，在摩擦稳定阶段，对磨球与涂层直接接触摩擦的区域较小，大部分是与自身材料或者氧化物磨屑接触。当磨屑较多时，开始向轨迹两侧排出并聚集在磨痕边缘。因此，较高温度下 AlTiN 涂层的磨损检测为负磨损。

6.3.3　涂层磨损

CrN 涂层与 SiC 对磨球的硬度分别为 1680HV 和 2100HV，较小的硬度是

CrN 涂层磨损率较大的主因。当二者高温摩擦接触时，产生了图 6-25 的磨损形式。

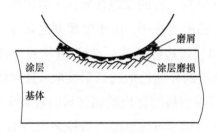

图 6-25　涂层磨损示意图

硬质材料在较软的涂层上摩擦时，易对涂层起划擦作用，且涂层在力的作用下易发生塑性变形而使表面粗糙不平。易塑变的涂层在循环应力的作用下经过多次的犁沟堆积和重新压平而产生反复的塑变作用，摩擦过程中的氧化和其他强化作用使涂层最终剥落成为磨屑。在这种磨损形式中，很大一部分磨屑会转移到对磨球上而对涂层形成新的磨损。通过对对磨球磨痕的成分检测可知，此时经常发生涂层材料向对磨球转移的现象，而对磨球却很少向涂层黏着。因此，在相同的试验条件下，CrN 涂层的磨损率较大。

6.4　涂层氧化物对 PVD 氮化物涂层高温磨损的影响

除以上讨论的硬度影响涂层的高温磨损外，高温氧化是涂层磨损率增加的主要原因，并造成了涂层的最终失效。但在涂层的使用过程中，适当氧化却能使涂层的性能提升，如涂层中 Al 元素加入后氧化所生成的 Al_2O_3 能对涂层起到保护作用，能够减缓涂层的进一步氧化，从而使得涂层耐磨性增加。本节重点讨论涂层的氧化产物 TiO_2、Al_2O_3 和 Cr_2O_3 对涂层磨损的影响，从而对比分析涂层磨损率大小不同的原因。

6.4.1　TiO_2 的影响

由第 5 章 TiN 涂层的高温磨损特性可知，TiN 涂层的磨损率随温度的升高明显增加，且在三种 Ti 基涂层中的耐磨性最差。除硬度的影响外，这与 TiN 涂层较差的抗氧化性能有关，TiN 涂层氧化后生成单一的氧化物 TiO_2，图 6-26 为 TiO_2 对涂层磨损的影响过程示意图。

摩擦副在垂直压力 P 的作用下以速度 v 运动，在高温摩擦环境和摩擦耦合温升的双重作用下 TiN 涂层开始氧化生成 TiO_2，且氧化物主要分布在摩擦副的接触区，如图 6-26（b）所示。相比 TiN，TiO_2 的硬度和剪切强度都很低，因此在摩擦力的作用下 TiO_2 易变形，这是在图 6-4 TiN 涂层磨痕微观形貌中出现舌状磨屑以及磨屑易压实变平的主要原因。随着摩擦区域温度的升高，会生成更多的 TiO_2，聚集在摩擦区域则会形成摩擦润滑膜，因而在温度升高时 TiN 涂层的摩擦系数反而下降，这正是因为 TiO_2 的出现减缓了摩擦。但是，TiO_2 较软，承载能力较差，对磨球在垂直力作用下对其形成切削作用，形成较大的犁沟，从而加速了涂层的磨损。另外，由第 4 章 TiN 涂层的氧化机理可知，TiN 涂层氧化生成 TiO_2 后体积膨胀，会造成涂层与基体的热胀失配，涂层易脱落，这也是 TiN 涂层在高温下磨损率增加的原因。

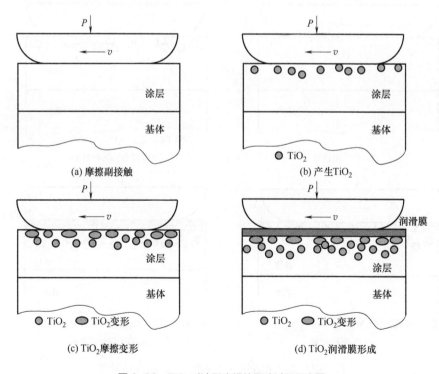

(a) 摩擦副接触　　　　　　　　(b) 产生 TiO_2

(c) TiO_2 摩擦变形　　　　　　　(d) TiO_2 润滑膜形成

图 6-26　TiO_2 对涂层磨损的影响过程示意图

6.4.2 TiO₂和Al₂O₃的影响

TiAlN 与 AlTiN 涂层氧化后生成 TiO_2 和 Al_2O_3 混合氧化膜，图 6-27 为 TiO_2 和 Al_2O_3 混合氧化膜对涂层磨损影响过程的示意图。

由第 4 章的讨论可知，Al 对 O 原子有很强的亲和力，形成 Al_2O_3 的吉布斯自由能非常低，Al 向外形成 Al_2O_3 的原动力非常大。因此，在氧化的初期 Al_2O_3 更接近于涂层表面分布，如图 6-27（b）。与单一的 TiO_2 相比，TiO_2 和 Al_2O_3 混合氧化膜具有较强的承载能力以及致密性，抗氧化能力较强，这是 TiAlN 与 AlTiN 两涂层的磨损率低于 TiN 涂层的主要原因。随着摩擦的进行，氧化加剧，剪切应力较小的 TiO_2 会在摩擦力的作用下变形，并在摩擦副之间形成润滑膜。除涂层本身在高温下的塑性变形外，更多 TiO_2 的生成是涂层在高温下摩擦系数降低的主要原因。但涂层承载能力增大时对磨球的磨损加剧，会产生更多的磨屑参与摩擦，掺杂有硬度较高的 Al_2O_3 的磨屑在一定程度上使摩擦阻力增大，因

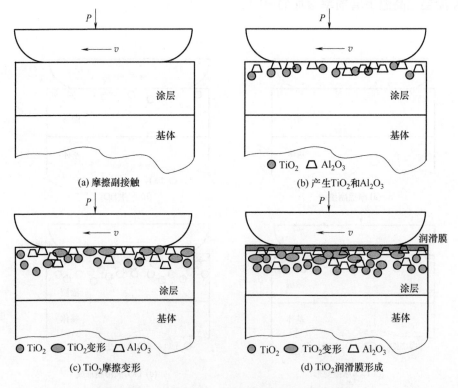

图 6-27　TiO_2 和 Al_2O_3 对涂层磨损的影响过程示意图

此在各温度下 TiAlN 与 AlTiN 两涂层的摩擦系数均高于 TiN 涂层。

另外，随着 Al 含量的增加，生成的更多 Al_2O_3 会使涂层的抗氧化性及承载能力明显增加。因此，在较高温度下，摩擦副之间的磨损主要发生在对磨球上，且材料以磨屑的形式向涂层转移，AlTiN 涂层呈现负磨损现象。

6.4.3 Cr_2O_3 和 Al_2O_3 的影响

由表 5-1 可知，CrAlN 与 AlTiN 涂层均属高 Al 含量涂层。综合来看，CrAlN 涂层的性能优于 AlTiN，其硬度与抗氧化温度均大于 AlTiN。但由图 5-30、图 5-31 和图 5-32 比较 CrAlN 和 AlTiN 涂层的高温摩擦特性可以发现，CrAlN 涂层的高温磨损率均大于 AlTiN 涂层，抗磨损能力不及 AlTiN。经分析，这与试验所用的球-盘摩擦方式以及 CrAlN 高温氧化所生成的 Cr_2O_3 和 Al_2O_3 的综合作用有关。图 6-28 分析了 Cr_2O_3 和 Al_2O_3 对涂层磨损的影响。

由 CrAlN 涂层的氧化特性可知，Cr_2O_3 和 Al_2O_3 的混合氧化物较为致密，生成后覆盖在涂层的表面可以有效阻止涂层的进一步氧化，从而提高了涂层的抗氧化性能，把这一过程形象地表示为图 6-28（b）。接着，由于氧化发生于摩擦区域，所生成的 Cr_2O_3 和 Al_2O_3 直接参与摩擦承载。由于 Cr_2O_3 和 Al_2O_3 硬度较高，所以氧化膜表现出很高的承载能力，致使对磨球的磨损加剧。在球-盘接触的摩擦方式中，摩擦接触区为封闭环境，尽管磨屑可以由摩擦轨迹边缘部分排出，但当磨屑的产生量大于排出量时，磨屑就会在接触区聚集且形成第三体参与摩擦，如图 6-28（c）所示。磨屑中除了对磨球的材料及其氧化物外，还应该含有硬度较高的 Cr_2O_3 和 Al_2O_3，在封闭的摩擦环境中，Cr_2O_3 和 Al_2O_3 会起到硬质磨粒的作用，反而会加速涂层的磨损。据报道，Cr_2O_3 的硬度可达 30GPa[129, 130]，且属于多晶体，其在摩擦区域内作为硬质磨粒会对摩擦副起到抛光摩擦的作用，如图 6-28（d）所示，这是 CrAlN 涂层摩擦区域较为平坦光滑的原因。

另外，与 AlTiN 涂层相比，氧化产物中少了剪切应力较小的 TiO_2 的润滑作用，CrAlN 涂层在摩擦的过程中属于更"干"范畴的摩擦，Cr_2O_3 和 Al_2O_3 对摩擦起到阻碍作用，因此在相同的试验条件下，CrAlN 涂层的摩擦系数与磨损率均高于 AlTiN 涂层。

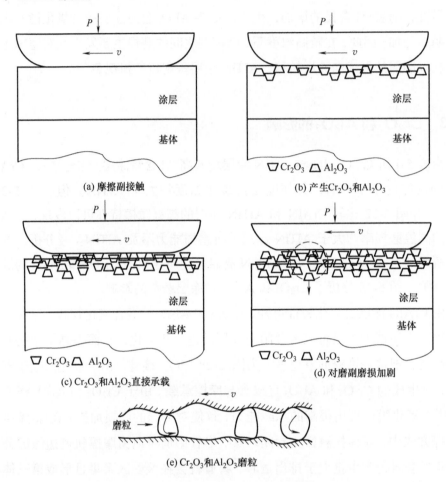

(a) 摩擦副接触

(b) 产生Cr₂O₃和Al₂O₃

(c) Cr₂O₃和Al₂O₃直接承载

(d) 对磨副磨损加剧

(e) Cr₂O₃和Al₂O₃磨粒

图 6-28　Cr_2O_3 和 Al_2O_3 对涂层磨损的影响过程示意图

本章小结

　　本章主要围绕五种 PVD 氮化物涂层的高温摩擦磨损机理展开。对涂层在高温下的摩擦耦合温升进行了计算，讨论了摩擦过程中的氧化现象。通过分析涂层磨痕的微观形貌和成分，明确了每种涂层的磨损机理，并分析了涂层的磨损形式及不同成分的氧化产物对涂层磨损的影响。

　　① 通过测量各温度下对磨球上的磨斑，获得了摩擦接触区的半径，并利用相关公式计算了摩擦接触表面的最高温度。发现摩擦接触表面的最高温度相比环境温度均有不同幅度

的增加，且摩擦系数增加时摩擦温升幅度较大。

② 由于摩擦温升，摩擦轨迹内的氧化更易发生。对比涂层在各温度下的磨损率，发现涂层的轻微氧化可以提高涂层的承载能力从而使耐磨性增加，但当温度继续升高时，涂层的氧化加剧、磨损率增加，涂层与基体之间的热应力增大，最终造成涂层的失效。

③ TiN 涂层的高温磨损机理为磨粒磨损、塑性变形以及对磨副之间的黏着磨损，且随着温度的升高、涂层最终氧化失效；除磨粒磨损、高温摩擦力作用下的塑性变形以及氧化磨损外，TiAlN 涂层在循环应力的作用下发生了脆性断裂；AlTiN 涂层的高温氧化使得涂层的耐磨性增加，且较高的 Al 含量使涂层的化学活性明显增加，因而发生黏着磨损；CrN 涂层的硬度较低，除氧化磨损、塑性变形以及黏着磨损外，涂层在循环应力作用下多次塑变导致脱落失效；CrAlN 涂层只发生了磨粒磨损和氧化磨损，且 CrAlN 稳定的晶粒结构提高了涂层的抗黏着能力。

④ 硬度对涂层磨损形式具有很大的影响。TiN、TiAlN 与 CrAlN 涂层在高温下与 SiC 对磨球硬度相当，因此在磨损区域形成了明显的磨损区、磨屑压实区和磨屑黏着区的分界。而高温下硬度较高的 AlTiN 涂层摩擦时磨损仅发生在对磨球上，涂层本身由于磨屑的黏着形成了负磨损。

⑤ 不同成分的氧化产物对涂层的摩擦磨损造成了很大的影响。TiO_2 的硬度和剪切强度都比较低，这是 TiN 涂层随温度的升高摩擦系数下降而磨损率增加的主要原因。由于 Al 元素的加入，TiAlN 与 AlTiN 涂层的耐磨性明显增加，这是因为所生成的 Al_2O_3 能够对涂层起到保护作用，且在摩擦过程中 TiO_2 的润滑剂的作用同样降低了磨损。尽管 Al_2O_3 与 Cr_2O_3 的混合氧化膜致密且承载能力较好，但由于对磨球磨损严重，磨屑不能及时排出，使得硬度较高的 Al_2O_3 和 Cr_2O_3 在封闭环境下充当了磨粒反而加速了 CrAlN 涂层的磨损。

第7章
PVD氮化物涂层材料的研究现状及发展趋势

7.1 PVD 氮化物涂层材料的研究现状

在工业生产中，各种涂层的广泛应用使切削工具、模具以及机械零件的使用效率及使用寿命得到显著提高。对于间断切削与高速铣削过程，刀具涂层不仅要起到固体润滑作用，而且要起到隔热作用，以减小由高温引起的热应力。PVD 涂层硬度高、氧化温度高、耐磨损、附着力强、摩擦系数小、热导率低，适用于高速切削高合金钢、不锈钢、钛合金、镍合金等材料。在要求高耐磨性的场合下，鉴于普通刀具在高温性能方面所表现出的不足，PVD 涂层刀具有望部分或完全替代普通刀具。因此，PVD 涂层刀具具有极其广阔的应用前景。

表面涂层作为一种改善材料性能的有效手段在工程中得到了广泛的应用，特别是在硬度、耐高温、耐磨性等方面优异的综合性能有效地提高了材料的使用寿命。在涂层的使用过程中，所处的高温环境对其性能产生了很大的影响，因此工程中对涂层的高温摩擦磨损性能提出了更高的要求。

本书是以目前作为耐磨防护出现的氮化物涂层为研究对象，制备了 TiN、TiAlN、AlTiN、CrN 和 CrAlN 五种涂层并围绕其高温摩擦磨损特性做了系统研究。

采用阴极弧蒸镀的方法制备了 TiN、TiAlN、AlTiN、CrN 和 CrAlN 五种氮化物涂层，并对所制备的涂层进行了性能检测。发现：

① 含 Al 的三元涂层 TiAlN、AlTiN 和 CrAlN 相比二元涂层 TiN 和 CrN 的硬度提高、表面和横截面结构更加致密，随 Al 含量的增加，高 Al 含量的 AlTiN 和 CrAlN 涂层结晶情况变差，但晶粒变小。

② 通过对涂层的表面粗糙度和结合力进行测量发现，Cr 基两类涂层的表面粗糙度要略小于 Ti 基类涂层，Cr 基涂层的结合强度高于 Ti 基涂层。

对高温摩擦中的摩擦应力进行了理论分析，除摩擦副之间的接触应力外，还分析了由摩擦环境温度以及摩擦温升引起的热应力。发现：

① 在涂层与基体的结合面上，温度对 σ_x 的影响较大。随温度的升高，涂层所受的最大压应力值增加，而室温下的压应力最小；随温度的升高，最大拉应力反而减小，室温下的拉应力最大。在结合面上温度对 σ_z 和力 τ_{xz} 的影响不大。

② 沿深度方向，力的加载中心处的 σ_x、力的加载边缘处的 τ_{xz} 在涂层与基

体的结合面上均存在突变，且随温度的升高，突变程度增加，涂层易发生翘曲脱落。

③ 在结合面处，除摩擦系数对 σ_z 的影响较小外，σ_x、σ_z 和 τ_{xz} 的最大拉（压）应力均随摩擦系数和压力的增加而增加，揭示出高温下压力与摩擦系数的增加使得摩擦应力的数值均增大，理论上来讲磨损加剧。

④ 从热应力的角度考虑，对比 TiN、TiAlN、AlTiN、CrN 和 CrAlN 五种涂层发现，CrAlN 涂层的高温热力学性能最好，而 TiN 涂层最差。

TiN、TiAlN、AlTiN、CrN 和 CrAlN 五种涂层的高温氧化特性：

① 对涂层的高温氧化反应从热力学和动力学角度进行了计算分析。高温下，生成 Al_2O_3 的热力学推动力最大，优先生成，而 Cr_2O_3 最小。Al_2O_3 和 Cr_2O_3 氧化膜的生长缓慢且致密，属保护性薄膜，TiO_2 生长速度较快且结构疏松，因此不具保护性。另外，涂层氧化的过程受热力学和动力学因素的共同交互作用。

② 通过氧化试验后涂层的色泽变化、宏观形貌以及氧化产物的 XRD 分析结果可以看出，五种涂层的抗氧化能力为 CrAlN> AlTiN> TiAlN>CrN>TiN。

③ Al 元素的加入能够提高涂层的抗氧化能力，这是因为在氧化过程中形成的非晶态、致密且生长缓慢的 Al_2O_3 表层能够阻止涂层的深层氧化，且随 Al 含量的增加，CrAlN 和 AlTiN 两涂层的抗氧化性能提高，高温下含氧量较低且能够保持较高的硬度。

④ 对比 Ti 基和 Cr 基涂层发现，相同温度下 Cr 基涂层的抗氧化性能要优于 Ti 基涂层。造成这一现象的原因除了所生成的 Cr_2O_3 比 TiO_2 结构致密外，涂层的结构不同是另外的因素。Ti 基涂层呈现一种柱状晶结构，氧沿着松弛的柱状晶粒边界垂直向涂层内部扩散相对较易，氧化过程很大程度上受氧向涂层内部扩散的控制。Cr 基涂层晶体结构为随机非柱状生长，晶粒生长的不一致性使得氧化的进程较为缓慢。

五种 PVD 氮化物涂层 200~700℃的高温摩擦磨损特性。考察了温度、速度和载荷对涂层摩擦系数以及磨痕表面的影响，从而明确了各涂层在高温下的最佳使用工况。另外，通过对比涂层之间的耐磨性，分析了成分对 PVD 氮化物涂层高温摩擦磨损特性的影响，包括 Ti 基与 Cr 基涂层以及 Al 元素及其含量的影响。发现：

① TiN 和 CrN 涂层在高温高速高载的摩擦环境下的耐磨性较差，TiAlN 涂

层在高温高速低载下具有较好的摩擦特性，AlTiN 涂层的摩擦系数和磨损量随温度、速度和载荷的增大而减小，说明其适应高温高速高载的摩擦环境，而 CrAlN 涂层更适合于高温高载低速的摩擦工况。

② 对比 TiN 和 CrN 两类涂层发现，在相同的实验条件下，CrN 涂层的磨损率均高于 TiN，这主要是由于 CrN 涂层硬度较低，耐磨性较差。

③ Al 元素的加入使得 Ti 基涂层 TiAlN 和 AlTiN 的摩擦系数及磨损率减小，高温耐磨性相比 TiN 有很大程度的提高，且随 Al 含量的增加，涂层高温耐磨性增加。

④ 尽管 Al 元素的加入使 CrAlN 涂层的高温摩擦系数振荡且数值较大，但却显著提高了 CrAlN 涂层的高温耐磨性。

⑤ 对比三种含 Al 涂层 TiAlN、AlTiN 和 CrAlN 的高温摩擦磨损特性可知，AlTiN 涂层在高温环境下具有最好的高温耐磨性，TiAlN 和 CrAlN 涂层在 500~600℃环境下磨损率较大，而温度升高到 700℃时，磨损率反而降低。

五种 PVD 氮化物涂层的高温摩擦磨损机理。对涂层在高温下的摩擦耦合温升进行了计算，讨论了摩擦过程中的氧化现象。通过分析涂层磨痕的微观形貌和成分，明确了每种涂层的磨损机理，并分析了涂层的磨损形式及不同成分的氧化产物对涂层磨损的影响：

① 通过测量各温度下对磨球上的磨斑，获得了摩擦接触区的半径，并利用相关公式计算了摩擦接触表面的最高温度。发现摩擦接触表面的最高温度相比环境温度均有不同幅度的增加，且摩擦系数增加时摩擦温升幅度较大。

② 由于摩擦温升，摩擦轨迹内的氧化更易发生。对比涂层在各温度下的磨损率发现，涂层的轻微氧化可以提高涂层的承载能力从而使耐磨性增加。但当温度继续升高时，涂层的氧化加剧、磨损率增加，涂层与基体之间的热应力增大，最终造成涂层的失效。

③ TiN 涂层的高温磨损机理为磨粒磨损、塑性变形以及对磨副之间的黏着磨损，且随温度的升高涂层最终氧化失效；除磨粒磨损、高温摩擦力作用下的塑性变形以及氧化磨损外，TiAlN 涂层在循环应力的作用下发生了脆性断裂；AlTiN 涂层的高温氧化使得涂层的耐磨性增加，且较高的 Al 含量使涂层的化学活性明显增加，因而发生黏着磨损；CrN 涂层的硬度较低，除氧化磨损、塑性变形以及黏着磨损外，涂层在循环应力作用下多次塑变导致脱落失效；CrAlN 涂

层只发生了磨粒磨损和氧化磨损，且 CrAlN 稳定的晶粒结构提高了涂层的抗黏着能力。

④ 硬度对涂层磨损形式具有很大的影响。TiN、TiAlN 与 CrAlN 涂层在高温下与 SiC 对磨球硬度相当，因此在磨损区域形成了明显的磨损区、磨屑压实区和磨屑黏着区的分界。而高温下硬度较高的 AlTiN 涂层摩擦时磨损仅发生在对磨球上，涂层本身由于磨屑的黏着形成了负磨损。

⑤ 不同成分的氧化产物对涂层的摩擦磨损造成了很大的影响。TiO_2 的硬度和剪切强度都比较低，这是 TiN 涂层随温度的升高摩擦系数下降而磨损率增加的主要原因。由于 Al 元素的加入，TiAlN 与 AlTiN 涂层的耐磨性明显增加，这是因为所生成的 Al_2O_3 能够对涂层起到保护作用，且在摩擦过程中 TiO_2 的润滑剂的作用同样降低了磨损。尽管 Al_2O_3 与 Cr_2O_3 的混合氧化膜致密且承载能力较好，但由于对磨球磨损严重，磨屑不能及时排出，使得硬度较高的 Al_2O_3 和 Cr_2O_3 在封闭环境下充当了磨粒反而加速了 CrAlN 涂层的磨损。

7.2 PVD 氮化物涂层材料的发展趋势

本书涉及涂层技术、摩擦学以及其他学科，本身难度较大，由于时间有限，尚有许多工作需要进一步研究和深化：

① 涂层本身种类繁多，由于组成成分和结构的差异而表现出不同的性能特点，因此不同涂层所应用的工程环境也大不相同。限于课题工作量，只研究了常用的五种 PVD 氮化物涂层，应进一步开展其他类涂层材料的高温摩擦特性研究，如碳化物、硼化物以及一些新兴涂层、多层和多元涂层等。

② 除外部的温度、速度和载荷等试验参数外，涂层材料的高温摩擦特性受到自身因素影响，因此应进一步研究涂层结构参数对高温摩擦特性的影响，如沉积方法、涂层厚度以及表面粗糙度等。

③ 由于试验设备和制备涂层较薄的限制，本研究的最高温度只达到 700℃，在下一步的工作中可以尝试研究更高温度下涂层的高温摩擦磨损的特性及机理。

为了满足现代机械加工对高效率、高精度、高可靠性的要求，世界各国制造业对涂层技术的研究开发及其在刀具制造中的应用越来越重视，目前正朝着以下方向发展：

① 多元、多层复合涂层及其相关技术的出现，使刀具涂层既可提高与基体的结合强度，又能具有多种涂层材料的综合物理力学性能，从而满足不同材料、不同加工条件的要求。因此今后刀具单一涂层的使用比例会越来越少，多元、多层涂层的应用比例会不断增加，涂层成分将趋于多元化、复合化。

② 涂层的显微硬度和抗破裂韧性与其组织结构密切相关，涂层的组织结构越致密，则涂层的显微硬度越高，抗破裂韧性越好。因此，在刀具的复合涂层体系中，各单一成分涂层的厚度将越来越薄，并趋于纳米尺度。

③ 现代机械加工正朝着高速切削、硬态切削、难加工材料切削、精密切削和干式切削等方向发展，对刀具性能提出了更高的要求，涂层成分将更为复杂，更具针对性。

④ 刀具涂层的工艺温度将越来越低，减小涂层工艺对基体的影响。随着我国汽车、机械、航空和航天等工业的迅速发展，高速数控化的机械加工对刀具涂层技术提出了更高要求，也赋予其更加广阔的发展空间。

参考文献

［1］ 张永振. 材料的干摩擦学[M]. 北京: 科学出版社, 2007.

［2］ 艾兴. 高速切削加工技术[M]. 北京: 国防工业出版社, 2003.

［3］ 邓建新, 赵军. 数控刀具材料选用手册[M]. 北京: 机械工业出版社, 2005.

［4］ Klocke F, Krieg T, Gerschwiler K, et al. Improved cutting processes with adapted coating systems[J]. Annals of the CIRP, 1998, 47（1）: 65-68.

［5］ 刘战强, 万熠, 周军. 高速切削刀具材料及其应用[J]. 机械工程材料, 2006, 30（5）: 1-4.

［6］ 贺春林, 宋贵宏, 杜昊. 硬质与超硬涂层: 结构、性能、制备与表征[M]. 北京: 化学工业出版社, 2007.

［7］ 赵海波. 国内外切削刀具涂层技术发展综述[J]. 工具技术, 2002（2）: 3-7.

［8］ 邓福铭, 卢学军, 赵志岩, 等. CVD 金刚石厚膜刀具及应用研究[J]. 金刚石与磨料磨具工程, 2010, 30（2）: 29-34.

［9］ 李健, 韦习成. 物理气相沉积技术的研究进展与应用[J]. 材料保护, 2000, 33（1）: 91-94.

［10］ 唐伟忠. 薄膜材料制备原理、技术及应用[M]. 北京: 冶金工业出版社, 2003.

［11］ Lugscheider E, Krämer G, Barimani C, et al. PVD coatings on aluminium substrates[J]. Surface and Coatings Technology, 1995, 74-75, Part 1: 497-502.

［12］ 彭福川, 林丽梅, 郑卫峰, 等. 氧分压对射频磁控溅射制备氧化锌薄膜光电学性质的影响[J]. 福建师范大学学报（自然科学版）, 2011, 27（1）: 52-56.

［13］ 李莉莎, 崔海宁, 姜振益. 直流磁控反应溅射法制备的钒氧化物薄膜及其光谱研究[J]. 光谱学与光谱分析, 2011, 31（1）: 95-99.

［14］ 谭俊, 邢汝鑫, 钱耀川. 靶流对磁控溅射 CrN 金属双极板耐腐蚀性能的影响[J]. 核技术, 2011, 34（1）: 46-50.

［15］ 邹文祥, 赖珍荃, 刘文兴. 直流磁控溅射制备 AlN 薄膜的结构和表面粗糙度[J]. 光子学报, 2011, 40（1）: 10-12.

［16］ 石永敬, 龙思远, 方亮, 等. 反应磁控溅射沉积工艺对 Cr-N 涂层微观结构的影响[J]. 中国有色金属学报, 2008, 18（2）: 260-265.

［17］ Lee J K, Yang G S. Preparation of TiAlN/ZrN and TiCrN/ZrN multilayers by RF magnetron sputtering[J]. Transactions of Nonferrous Metals Society of China, 2009, 19（4）: 795-799.

［18］ 吴凤芳. PVD 氮化物涂层的冲蚀磨损特性及机理的研究[D]. 济南: 山东大学, 2011.

［19］ 李志强, 曾燮榕, 韩培刚, 等. 电弧离子镀 TiN/TiAlN 复合涂层摩擦磨损性能研究[J]. 深圳大学学报（理工版）, 2008, 25（1）: 103-106.

［20］ 崔贯英, 张钧. 多弧离子镀（Ti, Al, Zr）N 多元超硬梯度膜的制备及力学性能

研究[J]. 真空科学与技术学报，2010，30（3）：329-333.

［21］ 李明升，冯长杰，王福会. 电弧离子镀氮化铬涂层的高温氧化[J]. 稀有金属材料与工程，2007，36（增刊2）：699-702.

［22］ 穆静静，王从曾，马捷，等. 多弧离子镀制备 TiN/Cu 纳米复合超硬膜的工艺研究[J]. 金属热处理，2008，33（9）：6-8.

［23］ Zhuang D M，Liu J J，Zhu B L，et al. A comparative study on microstructure and tribological properties of Si₃N₄ and TiN thin films produced by IBED method[J]. Ceramics International，1995，21（6）：433-438.

［24］ De Wit E，Blanpain B，Froyen L，et al. The tribochemical behaviour of TiN-coatings during fretting wear[J]. Wear，1998，217（2）：215-224.

［25］ Lee Y，Jeong K. Wear-Life diagram of TiN-coated steels[J]. Wear，1998，217（2）：175-181.

［26］ Takadoum J，Bennani H H，Allouard M. Friction and wear characteristics of TiN，TiCN and diamond-like carbon films[J]. Surface and Coatings Technology，1997，88（1-3）：232-238.

［27］ Milosev I，Strehblow H H，Navinsek B. Comparison of TiN，ZrN and CrN hard nitride coatings：electrochemical and thermal oxidation[J]. Thin Solid Films，1997，303（1-2）：246-254.

［28］ Wadsworth I，Smith I J，Donohue L A，et al. Thermal stability and oxidation resistance of TiAlN/CrN multilayer coatings[J]. Surface and Coatings Technology，1997，94-95：315-321.

［29］ Bouzakis K D，Asimakopoulos A，Skordaris G，et al. The inclined impact test：A novel method for the quantification of the adhesion properties of PVD Films[J]. Wear，2007，262（11-12）：1471-1478.

［30］ Bouzakis K D，Skordaris G，Klocke F，et al. A FEM-based analytical-experimental method for determining strength properties gradation in coatings after micro-blasting[J]. Surface and Coatings Technology，2009，203（19）：2946-2953.

［31］ Birol Y，Isler D. Response to thermal cycling of CAPVD（Al，Cr）N-coated tot work tool steel[J]. Surface and Coatings Technology，2010，205（2）：275-280.

［32］ Nouveau C，Labidi C，Collet R，et al. Effect of surface finishing such as Sand-Blasting and CrAlN hard coatings on the cutting edge's peeling tools' wear resistance [J]. Wear，2009，267（5-8）：1062-1067.

［33］ Cheng Y H，Browne T，Heckerman B，et al. Influence of the C content on the mechanical and tribological properties of the TiCN coatings deposited by LAFAD technique[J]. Surface and Coatings Technology，2011，205（16）：4024-4029.

［34］ Wang Q，Zhou F，Chen K，et al. Friction and wear properties of TiCN coatings sliding against SiC and steel balls in air and water[J]. Thin Solid Films，2011，519（15）：4830-4841.

［35］ Chinsakolthanakorn S，Buranawong A，Witit-Anun N，et al. Characterization of nanostructured TiZrN thin films deposited by reactive DC magnetron co-sputtering [J]. Procedia Engineering，2012，32：571-576.

［36］ Samapisut S，Tipparach U，Heness G，et al. Effect of magnetron discharge power and N_2 flow rate for preparation of TiCrN thin film[J]. Procedia Engineering，2012，32：1135-1138.

［37］ Zhang J J，Wang M X，Yang J，et al. Enhancing mechanical and tribological performance of multilayered CrN/ZrN coatings[J]. Surface and Coatings Technology，2007，201（9-11）：5186-5189.

［38］ Huang S H，Chen S F，Kuo Y C，et al. Mechanical and tribological properties evaluation of cathodic arc deposited CrN/ZrN multilayer coatings[J]. Surface and Coatings Technology，2011，206（7）：1744-1752.

［39］ Fox-Rabinovich G S，Yamamoto K，Aguirre M H，et al. Multi-functional nano-multilayered AlTiN/Cu PVD coating for machining of Inconel 718 superalloy[J]. Surface and Coatings Technology，2010，204（15）：2465-2471.

［40］ Fox-Rabinovich G S，Yamamoto K，Beake B D，et al. Emergent behavior of nano-multilayered coatings during dry high-speed machining of hardened tool steels[J]. Surface and Coatings Technology，2010，204（21-22）：3425-3435.

［41］ Fox-Rabinovich G S，Yamamoto K，Kovalev A I，et al. Wear behavior of adaptive nano-multilayered TiAlCrN/NbN coatings under dry high performance machining conditions[J]. Surface and Coatings Technology，2008，202（10）：2015-2022.

［42］ 张嗣伟. 从第一届世界摩擦学大会看当今摩擦学的发展动向[J]. 润滑与密封，1998（3）：66-68.

［43］ 曹美蓉，魏仕勇，蒋雷，等. PVD 涂层技术在冲压/成型模具中的应用及实例[J]. 热处理技术与装备，2010，31（3）：34-38.

［44］ 胡东平，季锡林，李建国，等. 金刚石涂层拉拔模具的制备与性能研究[J]. 金刚石与磨料磨具工程.，2010，30（3）：44-48.

［45］ 钱涛. PVD 涂层在汽车模具制造中的应用[J]. 现代零部件，2010（5）：74-75.

［46］ 陈涛，王泽松，周霖，等. 用于发动机活塞环表面涂层的 CrN 薄膜[J]. 中国表面工程，2010，23（3）：102-109.

［47］ Hsieh J H，Tan A L K，Zeng X T. Oxidation and wear behaviors of Ti-based thin films[J]. Surface and Coatings Technology，2006，201（7）：4094-4098.

［48］ 汝强，黄拿灿，胡社军，等. Ti-N 系涂层多元多层强化研究进展[J]. 工具技术，2004，38（4）：3-8.

［49］ Chen L，Du Y，Wang S Q，et al. A comparative research on physical and mechanical properties of（Ti，Al）N and（Cr，Al）N PVD coatings with high Al content[J]. International Journal of Refractory Metals and Hard Materials，2007，25（5-6）：400-404.

［50］ Hasegawa H，Suzuki T. Effects of second metal contents on microstructure and micro-hardness of ternary nitride films synthesized by cathodic arc method[J]. Surface and

Coatings Technology, 2004, 188-189: 234-240.

［51］ Hörling A, Hultman L, Odén M, et al. Mechanical properties and machining performance of Ti$_{1-x}$Al$_x$N-coated cutting tools[J]. Surface and Coatings Technology, 2005, 191（2-3）: 384-392.

［52］ Rauch J Y, Rousselot C, Martin N, et al. Characterization of（Ti$_{1-x}$Al$_x$）N films prepared by radio frequency reactive magnetron sputtering[J]. Journal of the European Ceramic Society, 2000, 20（6）: 795-799.

［53］ Tentardini E K, Kwietniewski C, Perini F, et al. Deposition and characterization of non-isostructural（Ti$_{0.7}$Al$_{0.3}$N）/（Ti$_{0.3}$Al$_{0.7}$N）multilayers[J]. Surface and Coatings Technology, 2009, 203（9）: 1176-1181.

［54］ Bouzakis K D, Skordaris G, Gerardis S, et al. Ambient and elevated temperature properties of TiN, TiAlN and TiSiN PVD films and their impact on the cutting performance of coated carbide tools[C]. Surface and Coatings Technology ICMCTF 2009, 36th International Conference on Metallurgical Coatings and Thin Films, 2009, 204（6-7）: 1061-1065.

［55］ 邵丽娟. 非平衡磁控溅射离子镀 TiN、TiAlN 涂层抗高温氧化行为的研究[J]. 热加工工艺, 2009, 38（8）: 93-95.

［56］ Jindal P C, Santhanam A T, Schleinkofer U, et al. Performance of PVD TiN, TiCN, and TiAlN coated cemented carbide tools in turning[J]. International Journal of Refractory Metals and Hard Materials, 1999, 17（1-3）: 163-170.

［57］ Yoon S, Lee K O, Kang S S, et al. Comparison for mechanical properties between TiN and TiAlN coating layers by AIP technique[J]. Journal of Materials Processing Technology, 2002, 130-131: 260-265.

［58］ Endrino J L, Fox-Rabinovich G S, Escobar Galindo R, et al. Oxidation post-treatment of hard AlTiN coating for machining of hardened steels[J]. Surface and Coatings Technology, 2009, 204（3）: 256-262.

［59］ Lee D B, Kim M H, Lee Y C, et al. High temperature oxidation of TiCrN coatings deposited on a steel substrate by ion plating[J]. Surface and Coatings Technology, 2001, 141（2-3）: 232-239.

［60］ Samapisut S, Tipparach U, Heness G, et al. Effect of magnetron discharge power and N$_2$ flow rate for preparation of TiCrN thin Film[J]. Procedia Engineering, 2012, 32: 1135-1138.

［61］ 颜培. ZrTiN 梯度涂层刀具的制备及性能研究[D]. 济南：山东大学，2012.

［62］ Chen L, Holec D, Du Y, et al. Influence of Zr on structure, mechanical and thermal properties of Ti-Al-N[J]. Thin Solid Films, 2011, 519（16）: 5503-5510.

［63］ Kutschej K, Mayrhofer P H, Kathrein M, et al. Influence of oxide phase formation on the tribological behaviour of Ti-Al-V-N coatings[J]. Surface and Coatings Technology, 2005, 200（5-6）: 1731-1737.

［64］ Poláková H, Musil J, Vlček J, et al. Structure-hardness relations in sputtered Ti-Al-

V-N films[J]. Thin Solid Films, 2003, 444（1-2）: 189-198.

[65] Andersen K N, Bienk E J, Schweitz K O, et al. Deposition, microstructure and mechanical and tribological properties of magnetron sputtered TiN/TiAlN multilayer [J]. Surface and Coatings Technology, 2000, 123（2-3）: 219-226.

[66] Hsu C, Chen M, Lai K. Corrosion resistance of TiN/TiAlN-coated ADI by cathod-ic arc deposition[J]. Materials Science and Engineering: A, 2006, 421（1-2）: 182-190.

[67] Zhou Z, Rainforth W M, Luo Q, et al. Wear and friction of TiAlN/VN coatings agai-nst Al_2O_3 in air at room and elevated temperatures[J]. Acta Materialia, 2010, 58（8）: 2912-2925.

[68] Barshilia H C, Selvakumar N, Deepthi B, et al. A comparative study of reactive dir-ect current magnetron sputtered CrAlN and CrN coatings[J]. Surface and Coatings Technology, 2006, 201（6）: 2193-2201.

[69] Shin S H, Kim M W, Kang M C, et al. Cutting performance of CrN and Cr-Si-N coated end-mill deposited by hybrid coating system for ultra-high speed micro machining[J]. Surface and Coatings Technology, 2008, 202（22-23）: 5613-5616.

[70] Wu Z L, Lin J, Moore J J, et al. Nanostructure transition in Cr-C-N coatings deposit-ed by pulsed closed field unbalanced magnetron sputtering[J]. Thin Solid Films, 2012, 520（13）: 4264-4269.

[71] Scheerer H, Hoche H, Broszeit E, et al. Effects of the chromium to aluminum cont-ent on the tribology in dry machining using（Cr, Al）N coated tools[J]. Surface and Coatings Technology, 2005, 200（1-4）: 203-207.

[72] 王刚. 氮化铝钛涂层刀具研究[D]. 长春: 长春理工大学, 2006.

[73] Romero J, Gómez M A, Esteve J, et al. CrAlN coatings deposited by cathodic arc evaporation at different substrate bias[J]. Thin Solid Films, 2006, 515（1）: 113-117.

[74] 余春燕, 王社斌, 尹小定, 等. CrAlN 薄膜高温抗氧化性的研究[J]. 稀有金属材料与工程, 2009, 38（6）: 1015-1018.

[75] 钟春良, 董师润, 喻利花, 等. $Cr_{(1-x)}Al_xN$ 涂层的微结构和抗氧化性能研究[J]. 表面技术, 2007, 36（6）: 12-24.

[76] Bouzakis K D, Michailidis N, Gerardis S, et al. Correlation of the impact resistance of variously doped CrAlN PVD coatings with their cutting performance in milling aerospace alloys[J]. Surface and Coatings Technology, 2008, 203（5-7）: 781-785.

[77] Endrino J L, Fox-Rabinovich G S, Gey C. Hard AlTiN, AlCrN PVD coatings for machining of austenitic stainless steel[J]. Surface and Coatings Technology, 2006, 200（24）: 6840-6845.

[78] Grzesik W, Zalisz Z, Nieslony P. Friction and wear testing of multi layer coatings on carbide substrates for dry machining applications[J]. Surface and Coating Technology, 2002, 155（1）: 37-45.

[79] Olsson M, Soderberg S, Jacobson S, et al. Simulation of cutting tool wear by a mo-

dified pin-on-disc test[J]. International Journal of Machine Tools and Manufacture, 1989, 29（3）: 377-390.

[80] Zemzemi F, Rech J, Ben S, et al. Development of a friction model for the tool-chip-workpiece interface during dry machining of AISI 4142 steel with TiN coated caride cutting tools[J]. International Journal for Machining and Machinability of Materials, 2007, 2（3-4）: 361-367.

[81] Yoon S, Kim J, Kim K H. A comparative study on tribological behavior of TiN and TiAIN coatings prepared by arc ion plating technique[J]. Surface and Coatings Technology, 2002, 161（2-3）: 237-242.

[82] Hsieh J H, Tan A L K, Zeng X T. Oxidation and wear behaviors of Ti-based thin films [J]. Surface and Coatings Technology, 2006, 201（7）: 4094-4098.

[83] Zhou F, Chen K, Wang M, et al. Friction and wear properties of CrN coatings sliding against Si_3N_4 balls in water and air[J]. Wear, 2008, 265（7-8）: 1029-1037.

[84] Su Y L, Yao S H, Wu C T. Comparisons of characterizations and tribological performance of TiN and CrN deposited by cathodic arc plasma deposition process[J]. Wear, 1996, 199（1）: 132-141.

[85] Mo J L, Zhu M H, Lei B, et al. Comparison of tribological behaviours of AlCrN and TiAIN coatings—deposited by physical vapor deposition[J]. Wear, 2007, 263（7-12）: 1423-1429.

[86] Cai F, Huang X, Yang Q, et al. Microstructure and tribological properties of CrN and CrSiCN coatings [J]. Surface and Coatings Technology, 2010, 205（1）: 182-188.

[87] Rodríguez R J, García J A, Medrano A, et al. Tribological behaviour of hard coatings deposited by arc-evaporation PVD[J]. Vacuum, 2002, 67（3-4）: 559-566.

[88] Zhang G A, Yan P X, Wang P, et al. The structure and tribological behaviors of CrN and Cr-Ti-N coatings[J]. Applied Surface Science, 2007, 253（18）: 7353-7359.

[89] Pulugurtha S R, Bhat D G, Gordon M H, et al. Mechanical and tribological properties of compositionally graded CrAIN films deposited by AC reactive magnetron sputtering [J]. Surface and Coatings Technology, 2007, 202（4-7）: 1160-1166.

[90] Warcholinski B, Gilewicz A, Kuklinski Z, et al. Arc-evaporated CrN, CrN and CrCN coatings[J]. Vacuum, 2008, 83（4）: 715-718.

[91] Holmberg K, Laukkanen A, Ronkainen H, et al. Tribological analysis of fracture conditions in thin surface coatings by 3D FEM modeling and stress simulations[J]. Tribology International, 2005, 38（11-12）: 1035-1049.

[92] Holmberg K, Laukkanen A, Ronkainen H, et al. Tribological contact analysis of a rigid ball sliding on a hard coated surface, Part I: Modelling stresses and strains[J]. Surface and Coatings Technology, 2006, 200（12-13）: 3793-3809.

[93] Holmberg K, Laukkanen A, Ronkainen H, et al. Tribological contact analysis of a rigid ball sliding on a hard coated surface, Part II: Material deformations, influence

of coating thickness and Young's modulus[J]. Surface and Coatings Technology，2006，200（12-13）：3810-3823.

［94］ Laukkanen A，Holmberg K，Koskinen J，et al. Tribological contact analysis of a rigid ball sliding on a hard coated surface，Part Ⅲ： Fracture toughness calculation and influence of residual stresses[J]. Surface and Coatings Technology，2006，200（12-13）：3824-3844.

［95］ Fateh N，Fontalvo G A，Gassner G，et al. Influence of high-temperature oxide formation on the tribological behaviour of TiN and VN coatings[J]. Wear，2007，262（9-10）： 1152-1158.

［96］ Wilson S，Alpas A T. Dry sliding wear of a PVD TiN coating against Si_3N_4 at elevated temperatures[J]. Surface and Coatings Technology，1996，86-87（Part 1）：75-81.

［97］ Staia M H，Pérez-Delgado Y，Sanchez C，et al. Hardness properties and high-temperature wear behavior of nitrided AISI D2 tool steel，prior and after PAPVD coating [J]. Wear，2009，267（9-10）：1452-1461.

［98］ Polcar T，Kubart T，Novák R，et al. Comparison of tribological behaviour of TiN，TiCN and CrN at elevated temperatures [J]. Surface and Coatings Technology，2005，193（1-3）： 192-199.

［99］ Polcar T，Martinez R，Vítů T，et al. High temperature tribology of CrN and multilayered Cr/CrN coatings [J]. Surface and Coatings Technology，2009，203（20-21）：3254-3259.

［100］ Polcar T，Cavaleiro A. Structure and tribological properties of AlCrTiN coatings at elevated temperature [J]. Surface and Coatings Technology，2011，205，Supplement 2： S107-S110.

［101］ Ohnuma H，Nihira N，Mitsuo A，et al. Effect of aluminum concentration on friction and wear properties of titanium aluminum nitride films [J]. Surface and Coatings Technology，2004，177-178： 623-626.

［102］ Qi Z B，Sun P，Zhu F P，et al. Relationship between tribological properties and oxidation behavior of $Ti_{0.34}Al_{0.66}N$ coatings at elevated temperature up to 900°C [J]. Surface and Coatings Technology，2012.

［103］ Polcar T，Cavaleiro A. High-temperature tribological properties of CrAlN，CrAlSiN and AlCrSiN coatings [J]. Surface and Coatings Technology，2011，206（6）：1244-1251.

［104］ Sue J A，Chang T P. Friction and wear behavior of titanium nitride，zirconium nitride and chromium nitride coatings at elevated temperatures [J]. Surface and Coatings Technology，1995，76-77（Part 1）：61-69.

［105］ 机械工程材料性能数据手册编委会. 机械工程材料性能数据手册[M]. 北京：机械工业出版社，1994.

［106］ 王洪纲. 热弹性理论概论[M]. 北京：清华大学出版社，1989.

［107］ Wang L，Nie X，Housden J，et al. Material transfer phenomena and failure me-
chanisms of a nanostructured Cr-Al-N coating in laboratory wear tests and an
industrial punch tool application[J]. Surface and Coatings Technology，2008，203
（5-7）：816-821.

［108］ 刘建华.ZrN涂层刀具的设计开发及其切削性能研究[D]. 济南：山东大学，2007.

［109］ 温诗铸. 摩擦学原理[M]. 北京：清华大学出版社，1990.

［110］ Bhushan B. 摩擦学导论[M]. 葛诗荣，译. 北京：机械工业出版社，2006.

［111］ Swaina M V，Menčík J. Mechanical property characterization of thin films using
spherical tipped indenters[J]. Thin Solid Films，1994，253（1-2）：204-211.

［112］ 王洪，张坤，陈光. 界面形貌对热障涂层界面残余应力影响的数值模拟[J]. 金属
热处理，2001，26（9）：44-46.

［113］ 马壮，王全胜，王富耻，等. 涂层基体条件对梯度涂层残余应力影响研究[J].
材料工程，2002（4）：25-28.

［114］ Menčík J. Mechanics of components with treated or coated surfaces[M]. London：
Kluwer Academic Publishers，1995.

［115］ Kirchlechner C，Martinschitz K G，Daniel R. Residual stresses in thermally cycled
CrN coatings on steel[J]. Thin Solid Films，2008，517（3）：1167-1171.

［116］ 武从海，黄自谦. 硬质合金 TiN 涂层的残余热应力数值分析[J]. 河南科技大学
学报（自然科学版），2008，29（2）：8-10.

［117］ 李彬. 原位反应自润滑陶瓷刀具的设计开发及其减摩机理研究[D]. 济南：山东
大学，2010.

［118］ Chang Y Y，Yang S J，Wang D Y. Structural and mechanical properties of AlTiN/
CrN coatings synthesized by a Cathodic-Arc deposition process[J]. Surface and Co-
atings Technology，2006，201（7）：4209-4214.

［119］ Endrino J L，Fox-Rabinovich G S，Gey C. Hard AlTiN，AlCrN PVD coatings for
machining of austenitic stainless steel[J]. Surface and Coatings Technology，2006，
200（24）：6840-6845.

［120］ Kalss W，Reiter A，Derflinger V，et al. Modern coatings in high performance cut-
ting applications[J]. International Journal of Refractory Metals and Hard Materials，
2006，24（5）：399-404.

［121］ 李铁藩. 金属高温氧化和热腐蚀[M]. 北京：化学工业出版社，2003.

［122］ 叶大伦，胡建华. 实用无机物热力学数据手册[M]. 2 版. 北京：冶金工业出版
社，2005.

［123］ Mayrhofer P H，Willmann H，Reiter A E. Structure and phase evolution of Cr-Al-N
coatings during annealing[J]. Surface and Coatings Technology，2008，202（20）：
4935-4938.

［124］ Chim Y C，Ding X Z，Zeng X T，et al. Oxidation resistance of TiN，CrN，TiAlN
and CrAlN coatings deposited by lateral rotating cathode arc[J]. Thin Solid Films，
2009，517（17）：4845-4849.

［125］ 杨德钧，沈卓身. 金属腐蚀学[M]. 北京：冶金工业出版社，2003.

［126］ 贺志勇. TiAl 基合金等离子表面渗铬及其抗氧化和耐磨性能研究[D]. 太原：太原理工大学，2010.

［127］ Lin J，Mishra B，Moore J J，et al. A study of the oxidation behavior of CrN and CrAlN thin films in air using DSC and TGA analyses[J]. Surface and Coatings Technology，2008，202（14）：3272-3283.

［128］ Ide Y，Inada K，Nakamura T. Formation of Al-Cr-N films by an activated reactive evaporation（ARE）method[J]. High Temperature Materials and Processes，2000，19（3-4）：265-274.

［129］ Hones P，Diserens M，Lévy L. Characterization of sputter-deposited chromium oxide thin films[J]. Surface and Coatings Technology，1999，120-121：277-283.

［130］ Luo F，Pang X L，Gao K W，et al. Role of deposition parameters on microstructure and mechanical properties of chromium oxide coatings[J]. Surface and Coatings Technology，2007，202（1）：58-62.

［131］ Kim C W，Kim K H. Anti-oxidation properties of TiAlN film prepared by plasma-assisted chemical vapor deposition and roles of Al[J]. Thin Solid Films，1997，307（1-2）：113-119.

［132］ Barshilia H C，Prakash M S，Jain A，et al. Structure，hardness and thermal stability of TiAlN and nanolayered TiAlN/CrN multilayer films[J]. Vacuum，2005，77（2）：169-179.

［133］ 王永康，雷廷权，夏立芳，等. $Ti_{0.5}Al_{0.5}N$ 涂层的抗高温氧化行为[J]. 材料工程，2001，（1）：12-14.

［134］ Panjan P，Navinsek B，Cekada M，et al. Oxidation behaviour of TiAlN coatings sputtered at low temperature[J]. Vacuum，1999，53（1-2）：127-131.

［135］ Kawate M，Kimura Hashimoto A，Suzuki T. Oxidation resistance of $Cr_{1-x}Al_xN$ and $Ti_{1-x}Al_xN$ films[J]. Surface and Coatings Technology，2003，165（2）：163-167.

［136］ 潘晓龙，王少鹏，李争显，等. 电弧离子镀 TiAlN 涂层的热疲劳及抗氧化性能[J]. 真空科学与技术学报. 2008（S1）：60-63.

［137］ Lee D B，Lee Y C，Kwon S C. High temperature oxidation of a CrN coating deposited on a steel substrate by ion plating[J]. Surface and Coatings Technology，2001，141（2-3）：227-231.

［138］ Otani Y，Hofmann S. High temperature oxidation behaviour of（$Ti_{1-x}Cr_x$）N coatings [J]. Thin Solid Films，1996，287（1-2）：188-192.

［139］ Badisch E，Fontalvo G A，Stoiber M，et al. Tribological behavior of PACVD TiN coatings in the temperature range up to 500℃[J]. Surface and Coatings Technology，2003，163-164：585-590.

［140］ Deng J X，Zhang H，Wu Z，et al. Friction and wear behavior of polycrystalline diamond at temperatures up to 700℃[J]. International Journal of Refractory Metals and Hard Materials，2011，29（5）：631-638.

［141］ 张辉. 脆硬刀具材料的高温摩擦磨损特性及机理研究[D]. 济南：山东大学，2011.

［142］ Scheerer H，Hoche H，Broszeit E，et al. Tribological properties of sputtered CrN Coatings under dry sliding oscillation motion at elevated temperatures[J]. Surface and Coatings Technology，2001，142-144：1017-1022.

［143］ Bobzin K，Lugscheider E，Nickel R，et al. Wear behavior of $Cr_{1-x}Al_xN$ PVD-coatings in dry running conditions[J]. Wear，2007，263（7-12）：1274-1280.